前言

做好一级建造师的注册工作

　　随着建造师注册工作在全国范围内展开，注册工作中也出现了一些问题，为做好一级建造师注册工作，5月22日，住房与城乡建设部建筑市场管理司邀请铁道部、交通运输部、水利部、工业和信息化部、中国民航局和北京市建委、住房与城乡建设部执业资格注册中心、信息中心等单位，就一级建造师注册工作中有关问题进行了专题研究。《建造师》10"政策法规"栏目转载了该会议就注册管理系统、继续教育、公示用语规范、申诉材料规范、企业基本信息修改、建造师数据库信息修改、建立健全专业管理数据库、注册专业学历审查、多专业注册、不予初始注册人员处理有关问题的一些意见。为方便广大建造师，同时转载了"一级建造师初始注册申诉表"、"一级建造师注册专业对照表（本科）"、"一级建造师注册专业对照表(高职高专)"，供参考。

　　"5·12"地震之后，四川省固定资产投资将会出现哪些方面的变化，"地震之后四川省固定资产投资调整探讨"一文就重建方向做了初步预测，同时探讨建筑业的机遇。

　　"案例分析"栏目承继《建造师》9，选用"苏丹跨青尼罗大桥(RFFAU)施工组织设计"的下半部分。将该案例完整地呈献给读者，供建造师工作中参考、借鉴。"太阳光导管在奥运场馆中的应用"一文从技术、环境—生态保护、经济和社会效益等多角度介绍了太阳光导管技术在北京科技大学体育馆奥运比赛场馆的应用情况，同时指明了作为引进消化吸收技术的太阳光导管技术的使用前景。

　　"建造师论坛"继续选登重大工程项目一线建造师的工作体会。《建造师》10选用中信建设国华国际工程承包公司国家体育场项目部冯红涛关于国家体育场大型钢结构施工组织管理经验总结，与同行交流。

　　"工程实践"仍是《建造师》10的重点。选用了国家体育场、中石化国际石油工程有限公司沙特延布U&O石化联合装置综合建筑物EPC项目、城市地铁隧道等项目在技术、管理方面的实践与读者分享。

　　中国驻沙特阿拉伯经商处撰写的"对沙特工程承包需增强风险意识"一文，结合沙特的法律法规和工程市场实际情况，就风险规避，给中国承包商提出针对性极强的建议。希望引起那些拟去沙特承包项目企业的高度重视。

　　经过一段时间的准备，《建造师》10推出了"建造师风采"，并尝试讲述"非洲建筑工地上的故事"。希望得到读者的认可。

图书在版编目(CIP)数据

建造师 10/《建造师》编委会编. —北京：
中国建筑工业出版社，2008
ISBN 978-7-112-10193-1

Ⅰ.建... Ⅱ.建... Ⅲ.建造师—资格考核—
自学参考资料　Ⅳ.TU

中国版本图书馆 CIP 数据核字(2008)第093571号

主　编：李春敏
特邀编辑：杨智慧　魏智成　白　俊

《建造师》编辑部
地址：北京百万庄中国建筑工业出版社
邮编：100037
电话：(010)68339774
传真：(010)68339774
E-mail：jzs_bjb@126.com
　　　　68339774@163.com

建造师 10
《建造师》编委会 编
*
中国建筑工业出版社出版、发行(北京西郊百万庄)
各地新华书店、建筑书店经销
北京朗曼新彩图文设计有限公司排版
世界知识印刷厂印刷
*
开本：787×1092毫米　1/16　印张：7½　字数：250千字
2008年6月第一版　2008年6月第一次印刷
定价：**15.00**元

ISBN 978-7-112-10193-1
　　　　(16996)

版权所有　翻印必究
如有印装质量问题，可寄本社退换
(邮政编码 100037)

政策法规

1　住房与城乡建设部：一级建造师注册有关问题
11　关于印发《注册建造师施工管理签章文件(试行)》的通知

研究探索

12　地震之后四川省固定资产投资调整探讨
　　　　　　　　　　　　　　　　　　王　鹏　李小鹤
14　代建制模式下施工单位项目绩效考评指标体系的构建
　　　　　　　　　　　　　　　　　　　　　　张美军
17　招标文件中的技术文件如何针对项目特点突出重点
　　　　　　　　　　　　　　　　　　王晓舟　邹　莉
21　工程检测行业如何应对市场化的挑战
　　　　　　　　　　　　　　　　　　唐洪涛　王　琪
25　模板措施费中租赁材料费计价方法分析　　杨新鸣

案例分析

28　太阳光导管在奥运场馆中的应用　　　　　李铁良
34　苏丹跨青尼罗大桥(RUFFA)施工组织设计(下)
　　　　　　　　　　　高　鹏　韩周强　杨俊杰
45　浅析风险管理在某项目中的实践　　　　　袁　晓

建造师论坛

49　国家体育场大型钢结构施工组织管理经验浅谈　冯红涛
59　如何编好投标施工组织设计　　　　　　　　王　威

工程实践

64　国家体育场 PTFE 膜结构安装技术
　　　　　　　冯红涛　武斌红　吴之昕　李文标
67　在国际土建项目中突破与管理公司、业主之间的"墙"
　　　中石化国际石油工程有限公司沙特延布 U&O 石化联合装
　　　置综合建筑物 EPC 项目工程施工管理的实践　　赖永刚
72　浅埋暗挖法城市地铁隧道穿越各类市政桥梁设施施工技术
　　　　　　　　　　　　　　　　　　　　　　范永盛
80　关于 EPC 无损检测委托第三方检验的探讨　高金成

83	关于软土地区输气管道抗浮计算的初步探讨
	司建国 胡树林 王全占
86	换填垫层厚度直接计算法 郭秋生 张德民
90	施工项目成本控制刍议 辛允旺
93	挑战自然 向冬季要进度的探索与实践
	龚建翔 郭素菊

国家标准图集应用

95	现浇钢筋混凝土结构施工常见问题解答 陈雪光

工程法律

97	招标项目中阴阳合同的法律效力 曹文衔

海外巡览

101	2008'全球建筑峰会在京召开
	中国对外承包工程商会建筑业分会
103	对沙特工程承包需增强风险意识 中国驻沙特使馆经商处
105	美国CM(建设管理)方法的再介绍 徐绳墨

建造师风采

108	廉洁创效的带头人
	——记全国优秀项目经理孙书森
110	非洲建筑工地上的故事
	——木工"佛勒得" 大凉

建造师书苑

112	《中国建筑业新的经济增长点和增长力》
113	新书介绍

信息博览

114	综合信息
115	地方信息

封面图片提供:龚建翔

本社书籍可通过以下联系方法购买:
本社地址:北京西郊百万庄
邮政编码:100037
发行部电话:(010)58934816
传真:(010)68344279
邮购咨询电话:
(010)88369855 或 88369877

《建造师》顾问委员会及编委会

顾问委员会主任： 黄 卫　姚 兵

顾问委员会副主任： 赵 晨　王素卿　王早生　叶可明

顾问委员会委员(按姓氏笔画排序)：

刁永海	王松波	王燕鸣	韦忠信
乌力吉图	冯可梁	刘贺明	刘晓初
刘梅生	刘景元	孙宗诚	杨陆海
杨利华	李友才	吴昌平	忻国梁
沈美丽	张 奕	张之强	张鲁凤
张金鳌	陈英松	陈建平	赵 敏
柴 千	骆 涛	逄宗展	高学斌
郭爱华	常 健	焦凤山	蔡耀恺

编委会主任： 丁士昭　缪长江

编委会副主任： 江见鲸　沈元勤

编委会委员(按姓氏笔画排序)：

王秀娟	王要武	王晓峥	王海滨
王雪青	王清训	石中柱	任 宏
刘伊生	孙继德	杨 青	杨卫东
李世蓉	李慧民	何孝贵	何佰洲
陆建忠	金维兴	周 钢	贺 铭
贺永年	顾慰慈	高金华	唐 涛
唐江华	焦永达	楼永良	詹书林

海外编委：

Roger. Liska(美国)

Michael Brown(英国)

Zillante(澳大利亚)

住房与城乡建设部：
一级建造师注册有关问题

为做好一级建造师注册工作，住房与城乡建设部建筑市场管理司于5月22日在北京邀请铁道部、交通运输部、水利部、工业和信息化部、中国民航局和北京市建委、住房与城乡建设部执业资格注册中心、信息中心等单位，就一级建造师注册工作中有关问题进行了专题研究，主要探讨了以下内容：

一、注册管理系统问题

针对一级建造师初始注册工作中遇到的系统方面的问题，会议要求我部信息中心应当根据实际需要逐步完善人员资格数据库，积极配合部注册中心和国务院有关部门，改进完善系统，为搞好注册工作提供有力的技术支持；会议明确如果审核工作量比较大、审查时间相对集中时，可以免费为有关注册审查部门增加管理密钥。同时要加强二级建造师注册管理系统建设，建立全国统一信息平台，解决相关的技术问题，以满足注册建造师执业行为监督管理需要。

二、继续教育问题

注册建造师继续教育工作未开展前，建造师申请注册时可暂不要求提供继续教育合格证明材料。因此，对取得建造师执业资格证书超过一个注册期的人员，允许进行初始注册。待继续教育工作启动1年后，逾期注册人员申请注册时应当按照《注册建造师管理规定》(建设部令153号)执行。

三、公示用语规范问题

各级注册管理机构在注册审查工作中，应当使用规范语言，并且同一种不合格原因的表述应当统一。如：劳动合同待核实、施工年限待核实、资格证书待核实、报考条件待核实、学历专业待核实、身份证件待核实等。

四、申诉材料规范问题

为便于申诉人提供有效证明材料，拟增设《一级建造师初始注册申诉表》(附表1)。申诉人可在网上下载填报《一级建造师初始注册申诉表》，连同其他附件材料在申诉有效期内一并上报。

五、企业基本信息修改问题

企业的联系地址、邮政编码、联系人、联系电话、营业执照号数据信息的变化，由企业在网上直接修改。

企业性质、工商注册地、法定代表人、企业类型、企业资质类别、资质等级、资质证书编号数据信息的变化，由企业提出"企业基本信息变更申请"，报省级建设行政主管部门审查同意后信息自动更新。

因个人调转引发企业名称变更的，按照《关于印发<一级建造师注册实施办法>的通知》规定执行；因企业更名引发企业名称变更的，由企业提出"企业名称变更申请"，同时打印一级注册建造师、一级临时建造师变更注册申请汇总表，报省级建设行政主管部门审查后，报住房和城乡建设部备案后信息自动更新。

六、建造师数据库信息修改问题

建造师注册过程中发生有关信息修改事项时，由我部执业资格注册中心统一受理，转交地方或者相关专业部门核实，核实意见返回后由部注册中心负责建造师个人数据信息修改，并报住房和城乡建设部备案。

七、建立健全专业管理数据库问题

为了使地方和有关专业部门及时掌握本地区、本专业注册建造师数量、人员结构和分布状况

政策法规

等基本信息,我部信息中心可将及时更新的数据下载各地区和专业部门,确保各地区和专业部门建立满足管理需要的本地区、专业注册建造师数据库。

八、注册学历专业审查问题

按照《建造师执业资格制度暂行规定》(人发[2002]111号)和《建造师执业资格考核认定办法》(国人部发[2004]16号)规定,各地和国务院有关部门在进行建造师初始注册学历专业审查时,可按照《一级建造师注册专业对照表》(附表2、附表3)执行。本表以外增加的学历专业,由各初审或者审核单位提出,报住房和城乡建设部和人力资源和社会保障部核批。

九、多专业注册问题

取得多个专业建造师资格的,按照取得资格时间先后顺序,第一时间取得的专业为初始注册专业,其他专业为增项注册专业。证书注册专业和防伪贴标注的专业只有取得时间先后之分,而无主次之别。

十、不予初始注册人员处理问题

按照有关规定不予初始注册的,应当出具《不予行政许可告知书》,并加盖《中华人民共和国住房和城乡建设部一级建造师行政许可专用章》,具体事项委托我部执业资格注册中心承办。

会议希望各地、各部门在建造师注册工作中,按照有关规定严格审查。对在注册工作中弄虚作假的,应当按照有关规定严肃处理,确保建造师注册工作健康有序开展。

一级建造师初始注册申诉表、一级建造师注册专业对照表(本科)、一级建造师注册专业对照表(高职高专)在中国建造师网上可以下载。

附表1

一级建造师初始注册申诉表

姓 名		性别		申请注册专业	
聘用企业名称					
公示不合格原因					
申诉类别	此处按照要求填写本次申诉原因				
申诉内容					
申诉附件清单					
本人对申诉表内容及申报附件材料的真实性负责,如有虚假,愿承担由此产生的一切法律后果。 申请人(签字):　　　　　　　　　　　　　　　　　　　　年　月　日					
聘用企业意见	负责人(签名):　　　　(企业公章)　　　　年　月　日				
省级建设行政主管部门意见	审查人(签名):　　　　(省级建设主管部门公章)　　　　年　月　日				

附表2

一级建造师注册专业对照表(本科)

98年-现在专业名称	93-98年专业名称	93年前专业名称
土木工程	矿井建设	矿井建设
	建筑工程	土建结构工程,工业与民用建筑工程,岩土工程,地下工程与隧道工程
	城镇建设	城镇建设
	交通土建工程	铁道工程,公路与城市道路工程,地下工程与隧道工程,桥梁工程
	工业设备安装工程	工业设备安装工程
	饭店工程	
	涉外建筑工程	
	土木工程	
建筑学	建筑学	建筑学,风景园林,室内设计
电子信息科学与技术	无线电物理学	无线电物理学,物理电子学,无线电波传播与天线
	电子学与信息系统	电子学与信息系统,生物医学与信息系统
	信息与电子科学	
电子科学与技术	电子材料与无器件	电子材料与元器件,磁性物理与器件
	微电子技术	半导体物理与器件
	物理电子技术	物理电子技术,电光源
	光电子技术	光电子技术,红外技术,光电成像技术
	物理电子和光电子技术	
计算机科学与技术	计算机及应用	计算机及应用
	计算机软件	计算机软件
	计算机科学教育	计算机科学教育
	软件工程	
	计算机器件及设备	
	计算机科学与技术	
采矿工程	采矿工程	采矿工程,露天开采,矿山工程物理
矿物加工工程	选矿工程	选矿工程
	矿物加工工程	
勘察技术与工程	水文地质与工程地质	水文地质与工程地质
	应用地球化学	地球化学与勘察
	应用地球物理	勘查地球物理,矿场地球物理
	勘察工程	探矿工程
测绘工程	大地测量	大地测量
	测量工程	测量学,工程测量,矿山测量
	摄影测量与遥感	摄影测量与遥感
	地图学	地图制图
交通工程	交通工程	交通工程,公路、道路及机场工程
	总图设计与运输工程	总图设计与运输
	道路交通事故防治工程	
港口航道与海岸工程	港口航道及治河工程	港口及航道工程,河流泥沙及治河工程,港口水工建筑工程,水道及港口工程,航道(或整治)工程
	海岸与海洋工程	海洋工程,港口、海岸及近岸工程,港口航道及海岸工程

船舶与海洋工程	船舶工程	船舶工程,造船工艺及设备
	海岸与海洋工程	海洋工程
水利水电工程	水利水电建筑工程	水利水电工程施工,水利水电工程建筑
	水利水电工程	河川枢纽及水电站建筑物,水工结构工程
水文与水资源工程	水文与水资源利用	陆地水文,海洋工程水文,水资源规划及利用
热能与动力工程	热力发动机	热能动力机械与装置,内燃机,热力涡轮机,军用车辆发动机,水下动力机械工程
	流体机械及流体工程	流体机械,压缩机,水力机械
	热能工程与动力机械	
	热能工程	工程热物理,热能工程,电厂热能动力工程,锅炉
	制冷与低温技术	制冷设备与低温技术
	能源工程	
	工程热物理	
	水利水电动力工程	水利水电动力工程
	冷冻冷藏工程	制冷与冷藏技术
冶金工程	钢铁冶金	钢铁冶金
	有色金属冶金	有色金属冶金
	冶金物理化学	冶金物理化学
	冶金	
环境工程	环境工程	环境工程
	环境监测	环境监测
	环境规划与管理	环境规划与管理
	水文地质与工程地质	水文地质与工程地质
	农业环境保护	农业环境保护
安全工程	矿山通风与安全	矿山通风与安全
	安全工程	安全工程
金属材料工程	金属材料与热处理	金属材料与热处理
	金属压力加工	金属压力加工
	粉末冶金	粉末冶金
	复合材料	复合材料
	腐蚀与防护	腐蚀与防护
	铸造	铸造
	塑性成形工艺及设备	锻压工艺及设备
	焊接工艺及设备	焊接工艺及设备
无机非金属材料工程	无机非金属材料	无机非金属材料,建筑材料与制品
	硅酸盐工程	硅酸盐工程
	复合材料	复合材料
材料成形及控制工程	金属材料与热处理	金属材料与热处理
	热加工工艺及设备	热加工工艺及设备
	铸造	铸造
	塑性成形工艺及设备	锻压工艺及设备
	焊接工艺及设备	焊接工艺及设备
石油工程	石油工程	钻井工程,采油工程,油藏工程
油气储运工程	石油天然气储运工程	石油储运

化学工程与工艺	化学工程	化学工程,石油加工,工业化学,核化工
	化工工艺	无机化工,有机化工,煤化工
	高分子化工	高分子化工
	精细化工	精细化工,感光材料
	生物化工	生物化工
	工业分析	工业分析
	电化学工程	电化学生产工艺
	工业催化	工业催化
	化学工程与工艺	
	高分子材料及化工	
	生物化学工程	
生物工程	生物化工	生物化工
	微生物制药	微生物制药
	生物化学工程	
	发酵工程	发酵工程
制药工程	化学制药	化学制药
	生物制药	生物制药
	中药制药	中药制药
	制药工程	
给水排水工程	给水排水工程	给水排水工程
建筑环境与设备工程	供热通风与空调工程	供热通风与空调工程
	城市燃气工程	城市燃气工程
	供热空调与燃气工程	
通信工程	通信工程	通信工程,无线通信,计算机通信
	计算机通信	
电子信息工程	电子工程	无线电技术,广播电视工程,电子视监,电子工程,水声电子工程,船舶通信导航,大气探测技术,微电子电路与系统,水下引导电子技术
	应用电子技术	应用电子技术,电子技术
	信息工程	信息工程,图象传输与处理,信息处理显示与识别,
	电磁场与微波技术	电磁场与微波技术
	广播电视工程	
	电子信息工程	
	无线电技术与信息系统	
	电子与信息技术	
	摄影测量与遥感	摄影测量与遥感
	公共安全图像技术	刑事照相
机械设计制造及其自动化	机械制造工艺与设备	机械制造工艺与设备,机械制造工程,精密机械与仪器制造,精密机械与仪器制造,精密机械工程
	机械设计及制造	机械设计及制造,矿业机械,冶金机械,起重运输与工程机械,高分子材料加工机械,纺织机械,仪器机械,印刷机械,农业机械
	机车车辆工程	铁道车辆
	汽车与拖拉机	汽车与拖拉机
	流体传动及控制	流体传动及控制,流体控制与操纵系统
	真空技术及设备	真空技术及设备
	机械电子工程	电子精密机械,电子设备结构,机械自动化及机器人,机械制造电子控制与检测,机械电子工程
	设备工程与管理	设备工程与管理
	林业与木工机械	林业机械

测控技术与仪器	精密仪器	精密仪器,时间计控技术及仪器,分析仪器,科学仪器工程
	光学技术与光电仪器	应用光学,光学材料,光学工艺与测试,光学仪器
	检测技术及仪器仪表	检测技术及仪器,电磁测量及仪表,工业自动化仪表,仪表及测试系统,无损检测
	电子仪器及测量技术	电子仪器及测量技术
	几何量计量测试	几何量计量测试
	热工计量测试	热工计量测试
	力学计量测试	力学计量测试
	无线电计量测试	无线电计量测试
	检测技术与精密仪器	
	测控技术与仪器	
过程装备与控制工程	化工设备与机械	化工设备与机械
电气工程及其自动化	电力系统及其自动化	电力系统及其自动化,继电保护与自动远动技术
	高电压与绝缘技术	高电压技术及设备,电气绝缘与电缆,电气绝缘材料
	电气技术	电气技术,船舶电气管理,铁道电气化
	电机电器及其控制	电机,电器,微特电机及控制电器
	光源与照明	
	电气工程及其自动化	
工程管理	管理工程	工业管理工程,建筑管理工程,邮电管理工程,物资管理工程,基本建设管理工程
	涉外建筑工程营造与管理	
	国际工程管理	
	房地产经营管理	
工业工程	工业工程	
航海技术	海洋船舶驾驶	海洋船舶驾驶
轮机工程	轮机管理	轮机管理
交通运输	交通运输	铁道运输,交通运输管理工程
	载运工具运用工程	汽车运用工程
	道路交通管理工程	
自动化	流体传动及控制	流体机械,压缩机,水力机械
	工业自动化	工业自动化,工业电气自动化,生产过程自动化,电力牵引与传动控制
	自动化	
	自动控制	自动控制,交通信号与控制,水下自航器自动控制
	飞行器制导与控制	飞行器自动控制,导弹制导,惯性导航与仪表
生物医学工程	生物医学工程	生物医学工程,生物医学工程与仪器
核工程与核技术	核技术	同位素分离,核材料,核电子学与核技术应用
	核工程	核反应堆工程,核动力装置
工程力学	工程力学	工程力学
园林	观赏园艺	观赏园艺
	园林	园林
	风景园林	风景园林

政策法规

工商管理	工商行政管理	工商行政管理
	企业管理	企业管理
	国际企业管理	国际企业管理
	房地产经营管理	
	工商管理	
	投资经济	投资经济管理
	技术经济	技术经济
	邮电通信管理	
	林业经济管理	林业经济管理

注：本表按教育部现行《普通高等学校本科专业目录新旧专业对照表》编制，共涉及"土建类、测绘类、水利类、交通运输类、能源动力类、地矿类、材料类、电气信息类、机械类、管理科学与工程类、生物工程类、化工与制药类、工程力学类"等18类45个专业，其中本专业36个，相近专业9个。

附表3

一级建造师注册专业对照表（高职高专）

序号	2004~现在专业名称
1	建筑工程技术
2	地下工程与隧道工程技术
3	基础工程技术
4	建筑设计技术
5	建筑装饰工程技术
6	中国古建筑工程技术
7	室内设计技术
8	环境艺术设计
9	园林工程技术
10	城镇规划
11	建筑设备工程技术
12	供热通风与空调工程技术
13	建筑电气工程技术
14	楼宇智能化工程技术
15	建筑工程管理
16	工程造价
17	建筑经济管理
18	工程监理
19	市政工程技术
20	城市燃气工程技术
21	给排水工程技术
22	水工业技术
23	消防工程技术
24	物业管理
25	物业设施管理
26	水利工程

27	水利工程施工技术	
28	水利水电建筑工程	
29	灌溉与排水技术	
30	港口航道与治河工程	
31	河务工程与管理	
32	城市水利	
33	水利水电工程管理	
34	水利工程监理	
35	公路运输与管理	
36	高等级公路维护与管理	
37	公路监理	
38	道路桥梁工程技术	
39	高速铁道技术	
40	电气化铁道技术	
41	铁路工程技术	
42	港口工程技术	
43	管道工程技术	
44	管道工程施工	
45	电子信息工程技术	
46	电子测量技术与仪器	
47	电子仪器仪表与维修	
48	电子设备与运行管理	
49	信息安全技术	
50	图文信息技术	
51	微电子技术	
52	无线电技术	
53	广播电视网络技术	
54	有线电视工程技术	
55	通信技术	
56	移动通信技术	
57	计算机通信	
58	程控交换技术	
59	通信网络与设备	
60	通信系统运行与管理	
61	环境监测与治理技术	
62	城市检测与工程技术	
63	水环境监测与保护	
64	室内检测与控制技术	
65	机械设计与制造	
66	机械制造与自动化	
67	数控技术	
68	电机与电气	
69	工业设计	
70	计算机辅助设计与制造	

71		机电一体化技术
72		电气自动化技术
73		生产过程自动化技术
74		电力系统自动化技术
75		机电设备维修与管理
76		自动化生产设备应用
77		林业技术
78		园林技术
79		林产化工技术
80		木材加工技术
81		工程机械控制技术
82		工程机械运用与维护
83		城市轨道交通工程技术
84		轮机工程技术
85		船舶工程技术
86		航道工程技术
87		航空机电设备维修
88		航空电子设备维修
89		航空通信技术
90		港口物流设备与自动控制
91		煤田地质与勘查技术
92		油气地质与勘查技术
93		水文地质与勘查技术
94		金属矿产地质与勘查技术
95		非金属矿产地质与勘查技术
96		工程地质勘查
97		煤矿开采技术
98		金属矿开采技术
99		非金属矿开采技术
100		矿井建设
101		矿山机电
102		矿物加工技术
103		选矿机电技术
104		工程测量技术
105		工程测量与监理
106		矿山测量
107		材料工程技术
108		建筑装饰材料及检测
109		热能动力设备与应用
110		城市热能应用技术
111		发电厂及电力系统
112		电厂设备运行与维护
113		小型水电站及电力网
114		供用电技术

115		电网监控技术
116	农村电气化技术	
117	水电站动力设备与管理	
118	机电设备运行与维护	
119	材料成型与控制技术	
120	精密机械技术	
121	计算机控制技术	
122	液压与气动技术	
123	计算机应用技术	
124	计算机网络技术	
125	计算机多媒体技术	
126	计算机系统维护	
127	环境监测与评价	
128	资源环境与城市管理	
129	城市水净化技术	
130	工业环保与安全技术	
131	安全技术管理	
132	广播电视技术	
133	影视多媒体技术	

注:本表按教育部现行《普通高等学校高职高专教育指导性专业目录(2005年版)》编制。共涉及"土建施工类、工程管理类、建筑设计类、城镇规划与管理类、建筑设备类、市政工程类、房地产类、水利工程与管理类、机械设计制造类、自动化类、电子信息类、通讯类、环保类、机电设备类、公路运输类、铁路运输类、港口运输类、管道运输类、林业技术类、城市轨道运输类、水上运输类、民用运输类、资源勘查类、水利水电设备类、地质工程与技术类、矿冶工程类、矿物加工类、测绘类、材料类、能源类、电力技术、计算机类、安全类、广播影视类"等34类133个专业,其中本专业76个,相近专业57个。

住房和城乡建设部保障特种作业人员工作安全

为加强对建筑施工特种作业人员的管理,防止和减少生产安全事故,住房和城乡建设部近日出台《建筑施工特种作业人员管理规定》,规定自2008年6月1日起施行。

规定明确,建筑施工特种作业包括:建筑电工、建筑架子工、建筑起重信号司索工、建筑起重机械司机、建筑起重机械安装拆卸工、高处作业吊篮安装拆卸工,以及经省级以上人民政府建设主管部门认定的其他特种作业。同时,规定还指出,建筑施工特种作业人员必须经建设主管部门考核合格,取得建筑施工特种作业人员操作资格证书,方可上岗从事相应作业。建筑施工特种作业人员的考核内容应当包括安全技术理论和实际操作。

规定要求,建筑施工特种作业人员应当严格按照安全技术标准、规范和规程进行作业,正确佩戴和使用安全防护用品,并按规定对作业工具和设备进行维护保养。建筑施工特种作业人员应当参加年度安全教育培训或者继续教育,每年不得少于24小时。

政策法规

关于印发《注册建造师施工管理签章文件(试行)》的通知

建市监函[2008]49号

各省、自治区建设厅,直辖市建委,新疆生产建设兵团建设局,国务院各有关部门建设司,总后基建营房部,国资委管理的有关企业,有关行业协会:

根据《注册建造师管理规定》(建设部令第153号)和《注册建造师施工管理签章文件目录(试行)》(建市[2008]42号),我们组织起草了《注册建造师施工管理签章文件(试行)》,现印发给你们,请遵照执行。《注册建造师施工管理签章文件(试行)》可在中国建造师网(http:// www.coc.gov.cn)下载。

附件:一、注册建造师施工管理签章文件(房屋建筑工程)
  二、注册建造师施工管理签章文件(公路工程)
  三、注册建造师施工管理签章文件(铁路工程)
  四、注册建造师施工管理签章文件(民航机场工程)
  五、注册建造师施工管理签章文件(港口与航道工程)
  六、注册建造师施工管理签章文件(水利水电工程)
  七、注册建造师施工管理签章文件(电力工程)
  八、注册建造师施工管理签章文件(矿山工程)
  九、注册建造师施工管理签章文件(冶炼工程)
  十、注册建造师施工管理签章文件(石油化工工程)
  十一、注册建造师施工管理签章文件(市政公用工程)
  十二、注册建造师施工管理签章文件(通信与广电工程)
  十三、注册建造师施工管理签章文件(机电安装工程)
  十四、注册建造师施工管理签章文件(装饰装修工程)

住房和城乡建设部建筑市场管理司
二〇〇八年六月二日

研究探索

地震之后
四川省固定资产投资调整探讨

王 鹏,李小鹤

四川省是中国西部地域辽阔、资源丰富、人口众多的一个多民族聚居的内陆大省。自古以来,就以富饶的物产、秀美的山川、富足的生活被世人誉为"天府之国"。改革开放以来,四川社会经济迅速发展,呈现出崭新的面貌和巨大的发展潜力,成为国内外人士瞩目的投资热土。四川工业规模较大,门类基本齐全。发电量、天然气、钢、水泥、平板玻璃、化肥、农药、丝、原盐、啤酒、彩电等产品产量均名列西部第1位。

机械、电子、冶金、化工、建筑、建材、食品、医药、皮革等行业在全国占有重要地位。近年来,四川省经济发展迅速,年均增长率超过12%,高于全国平均水平。2007年,四川本地生产总值(GDP)达10505.3亿元,进入GDP万亿大省行列,列全国第9位,西部第1位。

一、地震对当地经济的影响

汶川地震主要造成的经济损失表现在:

1.房屋倒塌。汶川县乃至所在的整个阿坝州,以及北川等附近地区经过地震,80%的房屋倒塌,即使没有倒塌的房屋,也基本都可以列为危房了,所以,所有房屋绝大多数都需要重建。

2.道路损毁。阿坝州原有道路7713km,截止2006年底,有二级公路160km,三级公路1115km,四级公路2700多km。由于地震和泥石流,大部分道路需要重修。加上地震波及的其他地区道路,应该有15000km需要重建或修整。

3.基础设施遭到破坏。截止2006年,阿坝州全州水电装机容量达257万kW,电网建设初具规模;全州三级以上公路里程达1280km;全州电话普及率超过20%;建成各类水利工程1048处,解决了13.43万人的饮水困难。这些基础设施,遭到一定程度的破坏,大部分需要整固。阿坝州城镇基础设施建设约占到全部固定资产投资的10%,"十一五"全州固定资产投资为259亿元,是"九五"时期的4倍。以此估算,城镇基础设施损失在50亿元左右。

4.厂房倒塌,企业停产。汶川地震后,四川一些工厂停工,化工行业、氯碱企业多数关停,大部分乙醇生产企业被迫停产。国务院抗震救灾总指挥部生产恢复组5月29日发布的统计显示,截至5月28日14时,四川省受灾工业企业20376家,死亡2189人,受伤6814人,经济损失达2040.1亿元。

随着灾情统计面的扩大和报道的深入,四川大地震的损失和影响也超过了最初的预期。随着救灾工作的结束,重建工作越来越紧迫,广州城市规划勘测设计研究院专家已经加班编制出了"对口镇重建规划方案",相关省市对口重建方案也在加紧制订。根据广州的方案,以现有3万人规模估算,建成一座新城人均投资超过10万元,总投资超过30亿元。按照有关部门的估算,震灾已使400万家庭流离失所,直接受灾人数超过1000万人。以广州的重建标准,需要上万亿的投资。当然,全部完成重建任务可能需要三年以上,即使如此,每年的建设任务也是比较重的,预计固定资产投资额将在原计划的基础上增加300亿元左右。

二、灾后重建方向预测

灾后重建工作将围绕住房建设、校舍重建、商业配套、道路重建、基础设施建设及工厂修复而展开,而整个重建过程可能会拉动国内新一轮的固定资产投资热潮。国家也会出台相应政策,比如财政政策、货币政策等鼓励重建工作的展开。所以,从以上情况看,四川省固定资产投资将会发生以下变化:

一是年内投资拉动将进一步强化,远期投资力度可能会减弱。灾后重建会推高固定资产投资。我们看到,一季度,铁路和公路运输业投资分别增长103.3%和53.7%,鉴于地震对运输,尤其是对公路的破坏,铁路和公路运输业投资都会在此基础上翻倍。

相应的学校重建和工厂厂房修复都会有很大的工作量。但从长远看,此次地震可能会让一些有意从富庶的沿海地区移至内陆的企业三思而后行,很多企业可能会对内陆地区相对脆弱的基础设施进行更为审慎的考量。尤其是制造业会担忧可能出现的影响物流和运输等环节的干扰,而这些环节对制造企业极为重要。

二是房地产投资将在年内更大幅度增加,远期看商品房销售可能会继续降温。灾后重建的最重要任务是住房建设,因此,增加房地产投资是必然结果。对未来地震和次生灾害的担忧,一些处于地震带的居民会选择更安全的地区居住,也会短期增加需求。但是,由于国家从紧的货币政策,打压了房地产的升势,造成房地产销量急剧下降。一季度,全省商品房销售面积647.9万㎡,下降17.4%。其中,现房销售下降35%,期房销售下降13.2%。长远看,这种趋势会进一步强化,未来几年,将会与全国房地产市场一样,房地产市场可能会继续降温。

三是工业项目将会有所调整。首先,建筑材料类工业将会增加投资,以水泥为例:有数据显示,每增加一个城市人口,至少需要住宅建设、公共设施和市政建设等投资6万~9万元;按四川省内直接受灾1000多万人中的2/3人口来估算,则将新增4000亿~6000亿元的固定资产投资。按"十五"期间全国每万元固定资产投资平均消费水泥1.2t估算,则将增加水泥需求4800万~7200万t。2007年四川省水泥产量为6214.17万t,新增产量为1314万t,四川周边省份的水泥产量为1.4亿t左右。2007年四川省周边各省新增产量为1562万t。预计2008年四川及周边省份的新增产量远不能满足灾后重建的水泥需求。其次,厂房、设备规模不大的产业也会受到青睐。地震前,全省一季度工业投资已经显示了这种趋势:500万元以上电子信息投资22.5亿元,增长56.6%;中药制造业投资4.4亿元,增长95.5%;装备制造业投资106.5亿元,增长50.2%。而一些行业也将考虑是否适宜在四川这个地震带进行建设,如钢铁、化工、石化等项目因为地震可能带来的灾难性后果,今后会减少甚至停止大型项目建设。如中石油曾计划在彭州建立日炼油量20万桶,年产乙烯80万t的炼油厂工程项目,总投资57亿美元。其总经理日前已经表示将重新考虑在四川省建设的这个炼油及石化综合项目工程。这也是地震带来的影响之一。

上述变化,将给建筑行业带来一定机遇。一是工程量大幅度增加。尤其是灾后重建要求施工进度快,这对于具有良好组织能力,善于抢工赶进度的企业有着相当的优势。当然,地震之后诸如学校等建筑物抗震级别、建筑标准都较之以前有所提高,对企业质量管理会提出更高的要求。二是轻钢结构等自重轻、强度高的建筑形式会受到重视,尤其是大跨度的厂房、交易市场、学校等更容易接受和采用。因此,这类设计和施工单位将有更多承揽工程的机会。三是材料生产和供应企业有了大展拳脚的机会。我国多年来一直受到生产过剩的困扰,销售成为企业重大难题。灾后重建需要大量的建筑材料,对提高生产和供应企业效率有重大作用。需要强调的是,建筑材料的质量保证和运输组织能力,将是决定产品竞争力的关键。

从以往经历来看,灾后重建会很快展开,地震后工业生产往往很快反弹,经济也会较快恢复。因此,此次地震灾后大规模重建工作将极大地推动当地经济发展。

代建制模式下施工单位项目绩效考评指标体系的构建

◆ 张美军

(同济大学工程管理研究所，上海 200092)

摘 要：通过对当前代建制模式下施工单位绩效考评制度实施必要性的分析，结合政府投资项目代建制及项目管理的特点，遵循指标体系设置的基本原则，以上海市浦东新区社会发展局旗下的施工项目为背景，构建了一套符合我国国情的代建制模式下施工单位项目绩效考评指标体系。最后，对身为建造师的施工项目经理在工作中可能存在的问题进行了分析。

关键词：建造师，项目绩效考评，指标体系，代建制，施工单位，政府投资项目

一、引言

代建制模式下施工单位项目绩效考评是指政府投资管理部门按照既定的目的和要求，采取一定的标准，运用科学的方法，对代建制模式下施工单位实施项目管理活动的绩效进行审核、认知、测量和评定，其主要的评价对象是以项目经理为核心的项目经理部在具体的施工项目上所做的工作及其绩效。它作为"代建制"实施的配套制度，一方面，可使政府奖惩施工单位和对其支付报酬有了依据；另一方面，施工单位也可以根据评价的结果对管理过程进行实时监控，有利于提升施工单位的管理能力，从而使代建制的优势真正得到体现和发挥。而要对代建制模式下施工单位实施项目管理活动的绩效进行科学的审核、认知、测量和评定，首先应建立一套符合我国国情的关于代建制模式下施工单位项目绩效考评的指标体系和评价方法。鉴于此，本文结合政府投资项目代建制特点，运用项目管理理论、评价理论和系统理论，遵循指标体系设置的基本原则，以上海市浦东新区社会发展局旗下的施工项目为背景，构建了一套代建制模式下施工单位项目绩效考评指标体系。

二、指标体系设置原则

指标体系设置的科学与否，关系到项目绩效考评结果能否客观、全面地反映代建制模式下施工单位项目绩效状况。一套合理的指标体系应遵循下列要求和原则：

(1) 导向性。整个评价指标体系的设置要有利于引导施工单位改善工作作风，提高项目管理水平。

(2) 相关性。指标反映的内容要与施工单位的项目组织管理绩效相关，尤其要选择对项目最终结果影响大的行为活动和结果。

(3)独立性。各考评指标在保持比较清晰的结构基础上,应当互不重叠,彼此独立。

(4)系统性。考评指标体系必须能全面系统地反映代建制模式下施工单位的项目组织管理绩效。

(5)可行性。指标应可行,符合客观实际水平,要有稳定可靠的数据来源。

(6)灵活性。考评指标体系应具有足够的灵活性,以便考评人员根据可能的实际情况,能对子指标进行灵活操作。

三、代建制模式下施工单位项目绩效考评指标体系的构建

在代建制模式下施工单位项目绩效考评中,指标体系的构建是评价工作中的重要内容。考虑到施工单位绩效目标与政府投资项目绩效管理目标的不完全一致性,以及很难对施工单位的全部行为活动和结果进行审核和测量,考核指标的选择应锁定在与施工单位职责和义务相关的若干类行为、活动以及项目实施结果中。本文所建的指标体系如图1所示。

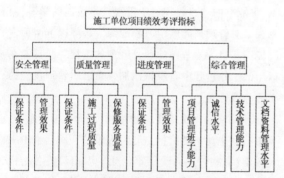

图1 代建制模式下施工单位项目绩效考评指标体系层次结构

1.安全管理

安全管理一级指标主要参考了《施工企业安全生产评价标准》(JGJ/T 77—2003)[1],可采用安全保证条件和安全管理效果两个二级指标来评定:

(1)安全保证条件

该指标是指为预防生产过程中发生安全事故而采取的各种措施和活动,主要评价安全生产组织机构及人员配备是否健全合理、安全生产的技术保证措施是否科学、安全生产管理制度是否健全并得到了有效落实。

(2)安全管理效果

该指标主要评价安全生产管理体系推行的状况及突发事件应急预案的执行情况、施工安全检查的合格率(可参考《建筑施工安全检查标准》)及安全隐患整改的落实情况、生产安全事故的报告与处理情况。

2.质量管理

质量管理一级指标主要参考了《建筑工程施工质量评价标准》(GB/T 50375—2006)[2],可采用质量保证条件、施工过程质量和保修服务质量三个二级指标来评定:

(1)质量保证条件

该指标主要评价质量组织机构及人员配备、质量责任制度与质量保证计划及措施是否健全合理、现场配备的施工操作标准及验收规范是否齐全、质量责任制度和质量保证计划是否得到了有效落实。

(2)施工过程质量

该指标为定量指标,主要评价质量预检后,各分部工程出现大改的次数及整改后的合格情况。这里的"分部工程"为:地基及桩基工程、结构工程、屋面工程、装饰装修工程及安装工程。

(3)保修服务质量

该指标主要评价建设工程质量保修期内裂缝、渗漏水、地面起鼓等一般质量通病、不均匀沉降等安全性能是否严重影响美观和使用功能、房间装修后有无出现有毒气体等污染环境及质量保修期内施工方的服务态度。

3.进度管理

进度管理一级指标可采用进度保证条件和进度管理效果两个二级指标来评定:

(1)进度保证条件

该指标主要评价进度管理组织机构及人员配备、进度管理责任制度与进度计划及保证措施(进度会议、奖惩措施等)是否健全合理、进度管理责任制度和进度保证计划是否得到了有效落实。

(2)进度管理效果

该指标主要评价是否定期进行进度分析和总结,是否及时制定并采取了进度纠偏措施,以及由于

施工单位原因导致的进度计划调整的次数和工期的拖延天数。

4.综合管理

综合管理一级指标可采用项目管理班子能力、诚信水平、技术管理能力和文档资料管理水平四个二级指标来评定：

(1) 项目管理班子能力

该指标主要评价项目经理到位率及项目经理与其他各方的配合情况、项目经理或现场管理负责人施工现场管理能力及突发事件的处理能力、对分包单位的管理能力、现场施工的文明程度、企业项目负责人到位率及对其对突发事件处理的支持情况。

(2) 诚信水平

该指标主要评价在人员选派、工程工期、工程质量和安全管理方面有无故意违背投标书的承诺情况，有无串通监理、贿赂业主和拖欠分包单位工程款等违规现象，工程量和价款上报是否及时、准确和属实，有无恶意索赔或材料弄虚作假行为，民工工资是否及时、足额发放，有无因工资问题导致民工上访的现象。

(3) 技术管理能力

该指标主要评价施工组织设计、施工方案的创新性及是否制定了具体可行的环境保护措施、节材措施、节水措施、节能措施和节地与施工用地保护措施。

(4) 文档资料管理水平

该指标主要评价文档资料管理组织机构及人员配备是否健全合理，文档收集、处理的及时性和文档归档管理的规范性。

四、代建制模式下施工单位项目绩效考评指标体系的修正

根据上海市浦东新区社会发展局提供的资料，我们设计出了一套代建制模式下施工单位项目绩效考评的初步指标体系。然而，初步指标体系的科学性和可行性还需经过实践的验证，因此，我们去相关项目参与单位(代建、施工和监理单位等)进行了实际调研。我们通过与项目相关参与单位进行访谈、查阅实际数据资料的形式，对初步指标体系进行了适当的调整和修改。最后，我们选择了几个典型的施工项目进行了试评价。实践表明，我们的评价指标体系是具有科学性和可行性的，而且也得到了上海市浦东新区社会发展局领导的认可。

五、结束语

本文以上海市浦东新区社会发展局旗下的施工项目为背景，构建了一套符合我国国情的代建制模式下施工单位项目绩效考评指标体系。在对典型的施工项目进行试评价过程中，我们发现：(1)尽管监理工程师再三催促，有的施工单位的项目经理在项目中标后还是一拖再拖，未能及时地编制施工分进度计划，更不用说对施工进度计划进行调整。由此看来，有的建造师还是未能完全地理解规范的进度管理的必要性和重要性，以至于将进度计划当作是应付检查的手段，而不是将其作为进行良好的项目管理进度控制的方法。(2)有的项目经理部和监理工程师人际关系处理得不好，监理日志中甚至有项目经理部和监理工程师大打出手现象的描述。项目经理的核心工作是处理项目经理部与其他相关各方的关系，可能有的项目经理过于重视技术技能的学习，而忽视了对管理技能的学习和锻炼。希望以上两种情况能引起身为建造师的项目经理的重视，并且能在以后的工作过程中有意识地加强自己对管理技能的学习和锻炼。

最后需要指出的是，在所建的评价指标体系中，要想精确化计量各指标是非常困难的，而且也不一定科学(有些管理活动很难量化)，因而可将各指标划分为定量和定性两部分，定量部分得分根据相关数据资料直接获取，而定性部分可分为优、良、中、差四个等级，采用基于DEA模型的模糊综合评价方法来解决模糊指标量化的问题，由于篇幅限制，在此不作论述。

参考文献：

[1] 建设部.JGJ/T 77—2003施工企业安全生产评价标准，2003.

[2] 建设部.GB/T 50375—2006建筑工程施工质量评价标准，2006.

招标文件中的技术文件如何针对项目特点突出重点

◆ 王晓舟，邹　莉

（上海百通项目管理咨询有限公司，上海 200127）

一、概述

技术文件作为招标文件的重要组成部分，既是整个工程实施必须遵循的技术标准，也是评标委员会评标的重要基础，还是签订合同不可或缺的依据。技术文件所提供的所有资料内容要力求详尽、真实，应结合项目的实际和特点突出重点，对施工方案、技术措施等提出要求，从而起到正确引导的作用，以利于投标人能更好地参与投标。技术文件包含的内容很多，比如不同地区、不同性质的工程，有各自必须遵循的技术标准。即使在同一工程中，不同性质的子项工程，要求遵循的技术标准也是各不相同的。其编制是否严谨、准确、完整、合理，直接影响到能否为业主找到一个合格的承包商，甚至关系到整个工程项目能否做到技术先进、质量优良、工期较短、造价合理。所以，针对每个工程项目的实际和特点编制技术文件，是整个招标过程中的一项重要工作，必须引起每个招标代理人员的高度重视。

根据我公司多年来从事招标代理工作的经验和教训，我们认为，招标文件中的技术文件，至少应包括施工现场的自然条件、工程现场的施工条件、质量验收和检验标准、项目建设各阶段各工艺相应的技术要求等。但据我们了解，由于种种原因，目前招标文件中的技术文件的编制还不尽如人意，有的仅仅停留在对工程概况的简单描述，甚至为贪图方便仅采用格式化填充式，根本没有专门的条款对工程的技术问题进行阐述。究其原因，主要是以下两个方面：一是从客观上看，当前工程建设一般工期较紧，招标时尚未完成施工图设计，很多施工工艺和技术标准都不明确，无法对其进行详细描述；二是从主观上看，招标代理机构和招标代理人员自身业务水平有限，不能根据委托人提供的图纸资料找出工程项目的特点和技术难点，所以无法对投标人提出相应的技术要求。

二、现场自然条件的描述

招标文件中对施工现场自然条件的描述，一般包括现场环境、地形、地貌、地质情况、水文、地震烈度以及气温、雨雪量、风向、风力等。它不仅涉及整体施工方案和进度计划的编制，也关系到在各种不利气候条件下施工技术措施的制定，还直接影响到投标报价，特别是施工措施费的报价。这部分内容一般可依据委托人提供的设计文件，包括施工图、水文和地质勘探资料以及工程实施地历年的水文气象资料等进行编制。

三、现场施工条件的描述

招标文件中对现场施工条件的描述，一般应包括建设用地面积、建筑物占地面积、现场七通一平(通水、通电、电信、通路、场地平整等)、施工用地及有关勘探资料、地上地下障碍物和管线资料、相邻建筑物和构筑物情况等。现场施工条件的描述同样关系到整体施工方案和进度计划的编制，影响到各种地上地下管线和相邻建筑物、构筑物的保护和加固方案的制定，以及相应费用的估算等。招标代理人员在编制招标文件之前，应仔细审阅施工图纸和有关设计文件，向委托人详细了解现场施工条件，收集相关资料，必要时还要到现场实地踏勘，以便能提供较为详细和准确的施工条件，为日后工程的顺利施工打下坚实基础。

以下我们以本公司编制的某项目施工招标文件为例，对招标文件中的技术文件如何针对项目特点突出重点作一探讨。

拟建项目位于浦东庆宁寺—东沟地区，是连接

研究探索

图1

杨浦大桥与翔殷路越江工程的一条城市主干道。

主要工作内容为××大桥、道路工程及排水工程。××大桥是跨越某河道的大型结构，主桥为下承式钢管混凝土三肋系杆拱桥，计算跨径130m，为上海地区内河中最大跨径的桥梁，南北引桥为多跨简支梁体系。该工程的最大技术难点，就是在现有施工现场条件下，根据设计要求完成该大桥主拱肋的吊装。所以我们在拟定招标文件时，对施工现场地形、地貌和周边直接影响到吊装的建筑物和构筑物进行了较详细的描述。发标后还组织投标人到施工现场踏勘，以便投标人能够据此编制出较为合理的吊装方案。以下为我们拟出的建设条件：

××大桥工程建设条件

1.地理位置

拟建××大桥位于庆宁寺—东沟地区，处于赵家沟与黄浦江相交的河口处。上游是东沟水（船）闸，下游为浦东大道9号桥。由于浦东大道9号桥净空要求低于4.5m，因此对施工起吊设施进场有影响，投标单位应考虑浮吊设备的选取。另外，道路50m红线两侧基本为居民小区，赵家沟以南主要有伟莱家园、汇佳苑、东波苑，以北有东沟六村、东沟四村、东靖苑等居住区。所以投标单位应充分考虑施工对附近居民生活的影响并采取相应的措施。

2.××河道现状

××河道是上海市一条重要的通航河道，是沟通外高桥港区和黄浦江的距离最短的内河航道，通航标准为四级，不许河道中设墩。现河道宽度为98m左右，河底标高−1.5m。规划河道蓝线为109m，最低梁底标高为12m。河道中间设置船闸导流堤，将河流分为南侧的排水区和北侧的通航区，上游相应设置水闸和船闸各一个。

3.××大桥两侧工程建设用地条件

拟建场地属滨海平原，地貌形态单一，地势相对平坦，一般地面高程为3.8~4.1m。道路用地范围内目前主要是绿化用地和荒地。由于两侧小区先于本工程建设，因此除道路红线范围用地外，红线两侧没有空闲场地。南侧桥址的西侧是××水文管理署，其办公楼与大桥距离很近；东侧××水闸管理处内有部分绿化和闲置库房与大桥相连，可以利用。北侧桥址的西侧驳岸控制线与居民楼之间有约20m左右的绿化，长度约100m左右；西侧直接与一河浜相接，基本上无可利用土地。

四、技术标准和要求的描述

招标文件的技术标准和要求，主要通过两种形式来表示：第一种是以国家、部委、行业、地方的各项技术规范、规程和标准来体现；第二种是上述规范、规程和标准尚未涉及的新技术、新工艺、新材料，一般通过招标文件的文字、图纸等，对其施工工艺、施工方法、应达到的质量要求和检验检测的方法加以叙述。对第一种形式，我们可以根据施工图说明中提供的各项技术要求和标准来编制；而对第二种形式，则需由招标代理主办人员根据委托人提供的设计文件及其他资料，以及自身平时积累的专业知识，对其做出分析后提出。这对招标代理主办人员的业务能力要求较高。

需要补充说明的有两条：一是对于采用国外技术规范、规程、标准的工程项目，在招标文件中还必须说明国外技术规范、规程、标准由谁提供，费用由谁支付等；二是由于受招标代理人员业务水平和文件编制时间限制，错误和缺漏在所难免，因此招标代理人员应特别关注所罗列的技术规范、规程、标准的更新与淘汰，以免出现错误。除了工作应认真仔细之外，一般还应加入一些条款以加强自身保护。

下面笔者仍以本公司编制的上述某项目施工招标文件中的技术文件部分为例：

技术规范及要求

1.设计施工图中的设计说明；

2.设计说明中明确采用的国家、上海及部颁的施工技术(验收)规程、规范；

3.采用的技术规范,如:

《城市道路工程施工及验收规程》(DBJ 08-225-97)

《市政工程排水管道施工及验收规程》(DBJ 08-220-96)

《市政桥梁工程施工及验收规程》(DBJ 08-228-97)

《给排水管道施工及验收规范》(GB 50268-97)

《上海市排水管道通用图》(1992)

《硬聚氯乙烯(LIPVc)加筋管室外管道设计通用图》(2000)

4.各投标单位应充分注意,凡涉及本工程的国家、行业和上海市相关规范、规程和标准,无论是否在本招标文件中已列明或未列明,中标单位均应无条件执行。

五、项目建设各阶段各工艺相应的技术要求及其他

根据各项工程的具体情况,在招标文件中的技术文件部分,还可以针对工程项目的特点做出相应的叙述,对投标人编制施工方案、技术措施等提出具体的要求;投标人则需按照这些具体要求编制出较有针对性的投标文件;评委和专家在评标中则要针对项目特点评审出最优化和最合理的投标方案,以提高招标的质量,实现招标的目的。

再以上述项目施工招标为例,我们从施工方案、进度控制、质量控制、人员配备、机械设备、材料供应、环境保护等几个方面都提出了具体要求。

(一)要求投标单位重点阐述的施工方案

1.钢管拱的加工制作、验收及现场安装方案(包括风撑)

包括钢管拱的材料要求,钢管拱的制作工艺要求,焊接工艺的技术措施及检测,钢管拱的防腐处理及检测,保证钢管拱成桥线形的措施,现场安装方案和相应的技术措施。

2.钢管拱肋的现场合拢技术方案

此方案编制要结合现场条件和航道通航情况,主要包括钢管拱的吊装方案,吊装阶段桥墩承受临时施工荷载的技术处理,保证拱肋稳定性的技术措施,钢管拱合拢前拱轴线调整方法及技术措施。

3.钢管混凝土倒灌顶升技术方案

包括对倒灌顶升混凝土的材料、级配和性能的具体要求,现场倒灌顶升方法和技术措施(主要包括顶升压力、施工顺序、钢管拱变形和混凝土密实度的控制方法等),钢管内混凝土的灌注质量检查,缀板内混凝土灌注质量检查。

4.纵横梁的预制安装方案

端横梁施工的技术措施,纵横梁的制作方法,纵横梁的吊装方法,吊装阶段全桥稳定性的保证措施,全桥纵横梁安装线形控制。

5.现浇钢筋混凝土桥面板及支架搭设方案

6.吊杆安装及索力调整技术方案

吊杆的安装方案,不同施工阶段吊杆索力的调整方法,成桥以后的索力优化方法。

7.主桥桥墩的桩基施工和拱脚施工技术方案

长度约70mϕ1 000mm钻孔灌注桩的施工工艺,质量保证措施以及桩基检测;拱脚段施工的技术方案。

8.引桥段的桩基及上部结构的技术方案

ϕ800mm钻孔灌注桩的施工工艺、质量保证措施以及桩基检测;引桥段的架梁方案。桥面系统的施工工艺,主桥承台大体积混凝土浇筑质量控制。

9.现场施工场地布置以及周边影响桥梁施工因素的处治措施

根据现场的施工条件,提出合理的施工便道、场地和临设布置方案,综合考虑现场条件和系杆拱桥的施工特点,分析可能影响主引桥施工的因素,并提出有效的处治措施。

10.施工过程中全桥施工线形关键部位应力监控措施

11.桥梁施工与周边居民小区环境问题,怎样妥善处理扰民问题

以下为我们对施工单位现场管理人员提出的资质要求:

(二)对施工单位现场管理人员的资质要求

1.现场项目经理

一级项目经理,参加过80m以上同等桥型的施工管理。甲方保留重新选择项目经理的权利。

2.现场管理人员

技术工作：要求总工室至少配备钢结构工程师一名，结构工程师一名，安装工程师一名。

测量：具备工程师及以上职称，要求从事过大型桥梁的测绘工作。

内业资料：具备资料员上岗证，要求从事过市政桥梁工程的资料管理工作。

下面我们再以本公司编制的另一项目施工招标文件为例，谈谈技术文件如何针对项目特点突出重点的问题。

该工程项目系上海市标志性文化设施之一，是一座以音乐厅为核心，以品位优雅、设施先进和功能齐全为特色的综合性艺术中心。在该项目的施工招标中，我公司考虑到该项目复杂的外观造型、特殊的施工工艺等因素，要求投标人在以下七个方面分别提出具体的施工方案。

1）复杂的空间造型定位系统：该项目是一个复杂的异形曲面结构，施工中准确定位对建筑造型、工程质量有着至关重要的影响。

2）复杂地基条件下超深基坑的设计施工：该项目中心基坑最深达 21m，能否把深基坑的围护设计做好，特别是将舞台下的深基坑施工好，是工程成败的一大关键。

3）上部结构曲线形墙体施工方案：本工程中三个剧场的外形均为椭圆形。上部结构施工要点为控制好超高弧形板墙的角度和弧线精确度，这就需要考察投标单位对模板体系设计的思路。

4）高标准剧场结构施工和建筑声学效果：这是施工过程中需要重点控制的两个关键部位。本工程是一座现代化的音乐殿堂。具有一个单体建筑中有多个现代化剧场以及剧场规模大(超千人)等特点。由于在每个观众席座位上都有附带设施，需要预埋管线，因此投标人要确保准确测量定位。在隔声混凝土板墙施工和剧场建筑声学工程中，对设计、材料、工序（如在安装工程中采取措施以减少和控制机电设备在运行过程中因设备振动、风管气流扰动所产生的噪声）、反馈、测试、屏蔽等方面，都要求投标人提供保证施工质量的措施，以考察投标人的施工、管理水平。

5）钢结构工程施工方案：由于本工程钢结构有 4 000t，吊装的方法和吊装机械的选用，对钢结构施工能否安全、顺利地完成起着至关重要的作用，因此该方案编制的好坏，是考察投标人施工力量、施工经验的重要指标。

6）倾斜式曲线幕墙施工方案：幕墙构件与钢结构承重结构、屋面结构之间的变形协调、幕墙节点构造控制等，都是幕墙施工的重点控制内容，要求考察投标人幕墙施工经验及施工组织措施。

7）屋面工程(屋面造型)：本工程有多达近4万 m^2 的异形铝板屋面，根据建筑体形和屋面体形拟采用虹吸排水系统。要求施工单位有大面积屋面虹吸排水系统的施工经验。

六、结束语

由于建设工程范围广、专业多，加上新材料、新工艺、新技术的不断涌现，所以招标文件中技术文件部分的编制是技术性很强的工作。它要求招标代理主办人员具有相应的专业技术水平，能根据委托人提供的图纸和其他资料，把握该工程的技术特点，编制出具有针对性的招标文件，为工程招标乃至整个工程施工建设创造有利条件。所以招标代理人员必须努力学习新的知识，对日新月异的建筑施工技术要有所掌握，并及时了解施工工艺、技术规范、规程和标准的更新和淘汰，以免出现错误。由于建设工程招标代理涉及面广，一般中介咨询机构和招标代理人员难以对所有的专业都非常熟悉，因此对一些专业性很强的施工招标项目，其招标文件中的技术文件，可以由建设单位或项目的设计单位与招标代理公司合作完成。

图2

研究探索

工程检测行业
如何应对市场化的挑战

◆ 唐洪涛[1]，王 琪[2]

(1.北京交通大学，北京 100044；2.中国新兴建设开发总公司五公司，北京 100039)

摘 要 本文通过分析工程检测行业的现状及存在的问题，分析问题存在的原因，论述检测行业市场化过程中检测机构面临的挑战及采取的应对措施，并对行业发展提出建议。

关键词 工程检测行业，应对，市场化

前言

建筑业是关系到国民经济的支柱产业，而工程检测行业则是其中重要的组成部分。我国目前正处在快速发展阶段，这给了工程检测行业巨大的发展机遇。而检测市场的逐步放开，私营检测机构的介入和入世带来的国外检测机构的冲击，也使我国工程检测行业面临着挑战。如何抓住政策机遇，面对市场挑战，是我国工程检测机构普遍面临的一个重要课题。

一、工程检测行业的重要性和发展现状

1.工程检测行业的重要性

随着全民质量意识的提高，工程质量不断被重视，工程质量检测也是人们对工程质量判定的一个重要依据；对于工程监理单位，他们也需要有相关的真实、公正数据来保证施工所采用的材料符合工程的需求，否则他们无论如何严抓施工工序，都无法保证施工质量。市场需要检测单位保证建筑材料质量。因此，工程检测是建筑行业中的一个重要组成部分，是工程质量的重要保证。

2.工程检测行业现状

工程检测行业从开始出现发展到今天，基本上都是作为建筑业的附属部分出现的，主要有三种方式：一种是建筑施工企业的内部试验室；一种是科研院校内部的教学科研性质的试验室；一种是各级质量监督管理部门设立的带有政府色彩的监督检测室。这三种形式的检测单位一直以来按照各自的工作领域开展检测工作，并且一直按

照附属于母体的部门形式进行运作,还没有形成独立企业运作的理念,具有不同程度的行业保护现象。

最近两年,建设系统一直在推广普及工程质量检测单位公司化、中介化,并取得一些成效,市场逐步放开,按照《建设工程质量检测管理办法》(建设部令第141号文件)要求,新批准成立了一些私营检测公司,过去的国营检测单位也大都从实质或形式上脱离母体,成为具有独立法人资格的中介机构。随着私营检测公司的介入及入世的冲击,各类检测单位都开始着手进行转变,应对挑战。

二、工程检测行业目前存在的问题

目前,我国工程检测行业还存在着一些问题,主要表现为:

1.体制问题

体制问题主要是指部门区域垄断现象依然存在。各级监督机构设立的检测室由于有了政策上的绝对优势,由于其政府背景,使其克服成立时间短的劣势,通过垄断检测任务的形式很快在规模和检测能力上占据优势,成为目前检测市场中的主流检测力量。但是垄断行为的副作用是其长期处在政策保护状态,相比其他机构效率低下,技术水平不高,服务意识差,自身竞争能力差,无法满足市场需要,造成腐败现象、检测水平低下。因此,为了检测能更好地为社会服务,检测市场中介化势在必行。

2.检测机构自身问题

大部分检测单位在市场的转变过程暂时无法适应市场的需求。目前的检测单位大部分面临如何从母体脱离、是否脱离、脱离以后如何生存的困扰。部分已经脱离的单位实质上是名义上的脱离,从行政管理和经济来往上仍然不是独立的。检测单位由于长期处于附属地位,人事、财务都受到很大的制约,因此在技术、人力、资金的投入不足,与其他行业相比或与其他领域的检测机构相比,技术含量不高,并且技术发展速度很慢。随着我国建筑业的蓬勃发展,特别是我国加入WTO,对尽快提高检测单位的技术能力和技术水平的要求十分迫切。

3.行业风气问题

目前市场中普遍存在不正当竞争,出具假报告现象。当前建筑工程质量的检测都是由施工承包单位来委托,而这样的检测委托机制,颇有点"自己花钱给自己套镣铐"的味道。在共同利益的驱动下,施工方与检测方之间难免有着众多的"猫腻",为日后的工程质量安全留下了诸多隐患。从目前情况看,检测市场不管是否已经推向中介,各地都存在着一个问题:检测单位为了方便委托方或其他主体,出具假报告。尽管各省均出台了各式各样的与《建设工程质量检测管理规定》等相类似的文件,加强质量检测机构建设,规范质量检测行为;提出检测机构应当对检测数据的真实性承担法律责任、保证工程质量检测的科学性和公正性等要求;各级质量技术监督部门也严格要求检测单位按规定的质量体系进行运转,但效果都不理想,最终结果还是"上有政策、下有对策",表面上、资料上好像都很规范,但实质还是假资料、假报告,有的甚至存在"两套账"(内部存根一套报告,外部按委托单位要求出具一套报告)。另外,检测企业之间为承揽任务,无原则地打折压价、暗箱操作,滋生腐败。

4.检测市场需求方面的问题

目前的检测市场十分混乱,由于部分施工单位对质量意识的认识停留在资料过关的阶段,并且,检测单位目前是被动地接受施工单位的委托,因此在检测和被检测之间的关系不仅是委托被委托,同时又是检测和被检测,经济关系和公正性存在矛盾,致使许多检测单位很难把好关。在这样的环境中,不可能培养出依靠信誉品牌立足的检测单位。检测市场上评价一个检测单位工作质量的标准不是严谨而是能否在必要时的灵活和方便,简单讲就是,委托方要求的只是能否提供可以作资料的合格报告,而不是想了解他们所使用的工程材料是否合格。

5.检测单位的责任问题

目前,我国工程检测单位与现场施工严重脱离,无法对施工过程中材料的质量承担明确责任,建设工程的检测方则往往能"逍遥"于问题之外。

工程质量责任中有些责任是由于检测单位提供的检测数据不真实、不公正造成的。但由于检测单位与现场施工严重脱离，检测单位只对样品负责，无法判定是现场使用了与检测报告不相同的材料或送检材料非正确抽样所得，还是检测单位出具了不公正的检测数据。由于这种不明确的责任，致使检测单位可以脱离干系。目前的检测机构只对来样负责，对样品是否属于工程现场材料、抽样是否具有代表性、送检过程是否合理都无法保证，因此，对检测单位来说，就算样品检测出来的数据合格，也无法保证现场的材料就是合格的；而对于监理单位或施工单位来说，就算工程材料存在问题、正确抽样送检，由于检测单位的违规操作，也可能得到材料合格的结论。检测行业的这种现状是不能适应市场需求的。

三、我国工程检测行业发展建议

1.明确工程检测机构的责任

在市场经济中，权利和义务是平衡的，在享受一定权利的同时，还要履行相应的义务，承担开放市场所面临的风险和压力。因此，检测市场要改变现状，政府主管部门就应该明确检测单位在建设工程中的法律责任，使工程检测单位作为行为责任主体，独立承担着工程施工中所使用材料的质量风险责任：对工程所使用的材料质量负责，保证所使用的材料合格且适用于本工程。负责进场材料的抽样及取样，对进场材料进行检测，对无法检测的材料负责抽样、送有相关资质检测单位检验（包括对送检单位的资质能力考察）；一旦工程发生质量问题，若经调查为不合格的材料引起，则由检测单位负责。

2.变更工程检测机构的权属

应该把工程质量检测部门从建设系统内划到质量监督系统，以从根本上解决"运动员"和"裁判员"同属一家所带来的问题。

3.规范工程检测市场行为

规范的工程检测市场首先要公开检测流程和检测数据。这一点随着当前网络应用的发展已不存在技术瓶颈。而检测机构和委托方为了维持"随意控制"检测数据的目的，以保密、技术或成本等借口抵

触公开。事实上，建筑市场绝大部分为民用市场，检测机构的检测流程、方法也是严格依据标准操作，都并不存在保密要求，反而是社会各界出于对房屋质量的关心，一直强烈要求公开，便于监督。技术和成本也不是问题，目前一些地方的政府质量监督机构已经实现了数据实时上传监督，对修改过的数据都会用醒目颜色突出，并记录修改信息，包括修改人、修改时间、修改原因、修改前后内容等。把它们向社会公开就可以了。

另外，要加强职业道德教育，培养公正、廉洁的作风。检测机构是出具法定检测数据的机构，抓好廉政建设，对于搞好工程质量检测工作，具有十分重要的意义。因此，各级建设行政主管部门要加强检测工作人员的职业道德教育，培养公正、廉洁的作风。做到既要抓业务技术，又要抓思想作风。为了做好工程质量检测工作，必须在科学与公正上下功夫。检测机构及检测工作人员在检测工作中要认真贯彻国家、部门和地方的有关政策法规，严格按技术标准开展各项检测工作。对于违反有关检测规定的行为，要给予严肃批评，直至给予政纪处分。触犯法律的，要依法处理。

4.建立合理的检测市场需求机制

检测方与施工方存在经济利益关系不利于保证检测质量，建议让监理方负责现场试验工作来满足市场需求，提高检测质量。监理是甲方业主的代表，负责监督施工的每一个环节，从材料进场验收，到装修竣工，有条件参与整个试验工作，能保正公平和有效监督，甚至可以代表甲方必要时做出变更和让步。此外，为了在出现争议时掌握有力证据，监理方的试验工作也受到施工方的有力监督，施工方为了维护自身的利益，会监督监理方的试验人员严格按标准取样、制样、送样。同时，检测企业也会对工作一丝不苟、实事求是，因为每一份报告都随时会成为法庭上的证据和焦点，每一个试验环节都要经得起推敲并可追溯复现。这样，既调动起各方的工作责任心，又使检测工作变得更有意义。

5.提高市场化意识

市场化意识即竞争意识。管理机构把检测市场放开就是在检测行业内引入竞争机制，在市场上，竞

争对手之间并不是你死我活的敌对关系，而是一种竞合关系，彼此通过不断竞争、你追我赶，直至促进整个行业的共同发展。

6. 培养服务意识

多年来由于垄断经营，检测机构偏重于检测工作的公正性和严肃性，对检测的服务观念比较疏忽，而随着检测市场化的不断深入、市场主体的确立，更新服务观念、提升服务品质显得越发紧迫和重要。在保证检测公正性的前提下，尽可能地为客户创造便利条件，比如通过网上收样委托的方式，提高录入准确率、减轻委托方人员的劳动强度；通过网上电话查询和使用触摸屏等沟通平台让客户了解试样检测状态，提高客户满意度；上门取试样、送报告和建立流动检测室以方便客户，甚至实行CRM关键客户管理。

7. 提升管理水平

依托先进技术手段提升管理水平，利用检测网络管理信息系统，实施BPR业务流程重组，用规范的业务流程和简单的操作方法，让管理者很轻松地对检测机构进行多角度、多要素的管理。一方面可以详细跟踪检测业务的各个流程，对存在的偏差及时予以纠正，确保检测业务的正常开展；一方面通过试验机的数字化改造和力学恒应力系统的建立，可以规范检测试验实际操作过程，提高检测试验采集数值的准确性和权威性，对规范试验流程有着重要意义；一方面利用其中的财务模块，随时掌握客户的欠款、交款等财务情况，保证资金的动态平衡。所以，通过各方面的监管和约束，可以进一步优化检测机构的管理流程，显著提升检测机构的管理水平。

8. 提高工作效率

通过应用各类高科技工具于检测行业，在检测手段、仪器设备、信息传输、管理系统等方面实现现代化、数字化和信息化，逐步提高检测人员的工作效率，从而提高整个检测机构的运营效率，带动整个机构生产力的提高，满足日益增加的检测业务需求。同时，进一步缩小与国外检测机构工作效率方面的差距，对我国整个检测行业也具有很现实的指导意义。激烈的市场竞争、优胜劣汰的严峻形势、与国外检测机构的交流与合作，必将大大刺激我国检测行业的发展，并为我国的检测行业提供更多的发展机遇。

9. 确保人才的优势地位

改进用人和选人机制，加快引进和培养优秀人才的步伐。检测市场的竞争归根到底是人才的竞争，核心竞争力中最重要的要素是人才。每一个检测机构都必须培养一批有一定技术专长、能独当一面的专业技术人员，给人才的成长创造良好的空间。尽可能让技术人员有接触高新技术的实践机会，形成创新的技术氛围，不断地进行知识的再更新，长期在这种技术环境中工作，才能达到持续提高检测专业知识的目的。另外，还要敢于打破旧有制度的约束，建立一个有利于人才脱颖而出的激励竞争机制，从而提高检测机构的整体实力，才能在未来的人才争夺战中不至于陷入被动。

10. 确保技术领先地位

检测项目是检测机构核心竞争力的重要标志。有必要集中有限的人力、物力、财力，改善检测装备水平，结合当地检测市场的实际，建立和完善一批具有较高技术水平和经济效益的检测项目，提高检测机构的检测能力，提高检测机构的现代化水平，增强竞争实力，抢占市场竞争的技术制高点，迅速形成先发优势，争取市场竞争的主动权。技术的领先可以推动市场的发展，反过来市场的扩展又可以为技术的领先提供源源不断地动力支持，二者相互支持、相互促进，从而达到共同提高的目的。

四、结束语

逆水行舟，不进则退。抓住机遇，借势发展，是广大检测机构的共同目标。围绕这个目标，很多检测机构都作了各个方面的努力和一些实实在在的工作，为促进整个行业的繁荣和检测技术的提高做出了积极的贡献；但作为市场主体，检测机构如不具备竞争实力，将面临着被吞并、被淘汰的危险，只有对检测机构面临的严峻形势有着清醒明确的认识，才能促使检测工作者利用可能的机会，学习提高自己，以增强检测机构的整体实力，使之在未来的检测市场竞争中立于不败之地。

模板措施费中租赁材料费计价方法分析

◆ 杨新鸣

(新疆建工(集团)有限责任公司市场部，乌鲁木齐 830002)

我们了解到大部分施工企业的项目部在工程施工过程中所使用的模板及支撑材料，不管是从企业内部的租赁公司获得还是从市场专业租赁企业获得，大部分都是采用租赁方式。因此，在工程量清单计价时仍采用摊销量、摊销价来进行计价，显然不符合市场实际情况，将会对企业以项目为单位的投标报价的准确性产生影响，不利于企业根据市场实际情况控制投标报价。因此，在实行建筑工程工程量清单计价时，对模板措施费中的租赁材料采用实际发生量、租赁价方式计价比采用摊销量、摊销价方式计价更合适，更能贴近市场实际。

由于模板措施费项目的计价过程是以相应定额子目组价，因此，模板措施费项目的直接工程费中同样包括人工费、材料费和机械费三部分，其中形成材料费的材料消耗按其来源和用途不同又可分为以下三种：

(1) 租赁材料：a.模板(包括钢模板、复合木模板、竹胶板等)，b.支撑钢管及扣件，c.U 型卡具；

(2) 摊销材料：a.支撑方木，b.零星卡具；

(3) 一次性使用材料：a.钢钉、铁件，b.草板纸、隔离剂等。

上述三种材料计价方法也各不相同。其中摊销材料、一次性使用材料的计价方法已为我们所熟知，就不再赘述，本文只对租赁材料的计价方法进行分析：

租赁材料费计价需考虑的因素有：日租赁价格、租赁时间、租赁数量等。

租赁材料费计价方法：

公式：租赁材料费=租赁材料使用量×单位租赁材料日租赁价格×租赁材料使用天数

租赁材料使用量=按定额工程量计算规则计算的相应构件模板工程量×相应构件单位定额子目的租赁材料含量

研究探索

这里所指的"相应构件单位定额子目的租赁材料含量"不是指现行定额中的摊销量,而是指对现有定额的摊销量按定额编制方法还原的实际使用量。因此,采用租赁材料费计价时还应对原定额子目内的材料消耗量进行必要的修改。

单位租赁材料日租赁价格:取工程模板使用阶段的市场实际日租赁材料单价平均值或预测值(可参考近年相同施工阶段历史价格)。

这样做的目的是为了避免施工过程中的租赁材料价格波动对企业报价的影响。

租赁材料使用天数:按施工组织设计的支模方式,根据市场实际发生情况确定合理的模板使用天数。

根据租赁材料费计价公式可以看出,租赁材料使用量和单位租赁材料日租赁价格等数据都较易获得,只有租赁材料使用天数的确定影响因素较多,这是企业在招投标阶段能否准确地对租赁材料进行计价的关键。试分析计算如下:

一、首先应确定单位租赁材料使用天数

1.因素考虑

(1)定额工作内容所需时间:包括木模板制作;模板安装、拆除、整理堆放及场内外运输;清理模板粘结物及模内杂物、刷隔离剂等所需时间。

从上述定额工作内容可以看出,项目部在合理安排模板进入施工现场的所有工作内容,都包含在定额工作内容中。因此,定额工作内容的工日消耗所形成的操作天数就组成了模板使用天数的动态占用时间。

(2)混凝土构件达到设计要求强度可拆模所需时间:它包括底模和边模的综合拆模时间。它是由混凝土构件达到设计强度的质量、安全要求决定的,构成了模板的静态占用时间。

实践中项目部为了减少模板的占用时间,达到节约模板租赁费的目的,对暂时不用的模板及支撑用料都采取先退回租赁单位,需要时再调入的方法。管理好的项目部很少有积压占用模板、支撑等材料的情况。通过上述分析,可以看出理想状态下,在考虑模板占用时间时只要考虑了定额工作内容所需时间和混凝土构件达到设计要求强度可拆模所需时间就可计算出模板租赁占用时间。

2.定额工作内容所需时间的确定

由于定额工作内容所反映出的支模消耗时间以工日形式反映,由劳动组织成员共同完成,因此,要把工日消耗量折算成模板占用天数,还应根据地区特点及现实情况下的平均支模操作时间考虑平均工日折算模板占用天数的折算系数。

(1)根据1995全统劳动定额小组成员构成及人数为12人的规定。在计算不考虑折算系数时单位模板使用天数应按下式:

不考虑折算系数单位模板工程量使用天数=单位模板工程量相应定额子目综合工日÷12

(2)根据本地区施工实际,取5~10月施工期间,自然采光从7点至21点为可操作时间,扣除生理等所需时间2h,则每天取定12个小时的操作时间(未考虑夜间施工情况,综合考虑施工班次问题)。平均工日折算模板占用天数的折算系数为:8÷12=0.666 7。

(3)单位模板工程量相应定额子目综合工日在考虑折算系数后折算为模板占用天数应按下式计算:

单位定额子目工日折算天数=单位定额子目综合工日÷12×0.666 7

3.混凝土构件达到设计要求强度可拆模所需时间的确定

它与昼夜平均温度、水泥品种、水泥强度等级、结构类型、结构跨度等因素有关,并且边模与底模的拆模时间也不相同。因此,应综合考虑这些因素确定模板占用时间,这些数据可从企业试验中心或试验室获得。

例:取某企业试验中心在一定的水泥品种、水泥强度等级、昼夜平均温度情况下按各类混凝土构件类型、跨度确定模板的拆模时间为例。

板:

跨度不大于2m,达到设计抗压强度不小于50%,无添加剂需14d,有添加剂需5d。

跨度大于2m不大于8m,达到设计抗压强度不小于75%,无添加剂需14d,有添加剂需7d。

混凝土构件达到设计要求强度可拆模所需时间 表1

构件类型	构件跨度	达到设计抗压强度(%)	达到强度所需天数(d)		以模板租赁材料为例			
			无添加剂	有添加剂	边模拆除时间	底模加权天数 0.375	边模加权天数 0.625	综合占用天数
①	②	③	④	⑤	⑥	⑦=④×0.375	⑧=⑥×0.625	⑨=⑦+⑧
板	≤2	≥50	14	5				
	>2,≤8	≥75	14	7				
	>8	≥100	28	14				
梁、拱	≤8	≥75	14	7	4	5.25	2.5	7.75
	>8	≥100	28	14				
悬臂构件	—	≥100	28	14				
其他			1.5					

跨度大于8m,达到设计抗压强度不小于100%,无添加剂需28d,有添加剂,需14d。

梁、拱:

跨度不大于8m,达到设计抗压强度不小于75%,无添加剂需14d,有添加剂,需7d。

跨度大于8m,达到设计抗压强度不小于100%,无添加剂需28d,有添加剂,需14d。

悬臂构件:达到设计抗压强度不小于100%,无添加剂需28d,有添加剂,需14d。

其他未注明构件:与上述构件相近的按上述规定执行,与上述构件不同的如基础、池槽、柱等拆模时间综合按1.5d考虑。

可以看出模板的占用时间与上述实验室获得的拆模时间有直接关系,而上述数据主要是指底模的拆模时间,对于有边模的构件其边模拆除时间可提前,因此,在计算模板占用时间时可按比例综合底模与边模的占用时间。

例如:有一梁:底宽300mm,高400mm,长6 000mm,假如边模4d可拆除,底模占比例为300÷800×100%=37.5%;边模占比例为62.5%。取上述实验室数据无添加剂计算模板综合占用时间为:14×37.5%+4×62.5%=7.75d。

按上例数据列表,"混凝土构件达到设计要求强度可拆模所需时间"如表1。

二、计算租赁材料使用天数

按上述分析过程可列出"租赁材料使用天数"公式如下:

租赁材料使用天数=按定额工程量计算规则计算的相应构件模板工程量×单位定额子目工日折算天数+混凝土构件达到设计要求强度可拆模所需时间

三、计算租赁材料费

按上述分析公式整理出计算模板措施费中租赁材料费计价公式如下:

租赁材料费=(按定额工程量计算规则计算的相应构件模板工程量×相应构件单位定额子目的租赁材料含量)×单位租赁材料日租赁价格×(按定额工程量计算规则计算的相应构件模板工程量×单位定额子目工日折算天数+混凝土构件达到设计要求强度可拆模所需时间)

以上是本人对模板措施费中租赁材料费计价方法的思考,供造价行业各位专家学者参考。

《建造师》8"老山自行车馆有粘结与无粘结力预应力成套技术"一文作者"窦春蕾"应为"中国新兴建设开发总公司 窦春雷"

太阳光导管在奥运场馆中的应用

◆ 李铁良

(中国新兴建设开发总公司，北京 100039)

摘　要：简要介绍了太阳光导管技术在北京科技大学体育馆奥运比赛场馆的应用情况，以及太阳光导管的技术特点。同时提出了太阳光导管的使用前景。

关键词：光导管，照明系统

一、工程概况

本工程为北京科技大学体育馆（2008年第29届奥运会柔道、跆拳道比赛馆），位于北京市海淀区学院路30号北京科技大学校园内，总建设用地约2.38ha，建筑物南北长167.70m，东西宽83.75m，总建筑面积24 662.32m²。地下面积2601.97m²（其中人防面积为725.49m²，六级人员掩蔽部），地上面积22 060.35m²。观众坐席8012个，其中固定坐席4 080个，临时坐席3 932个；贵宾坐席234个，残疾人坐席58个。比赛场地40m×60m，中心部分有比赛场地、热身场地、贵宾休息室、场馆运营区、新闻媒体工作区、赛事管理区、运动员及随队官员区、消防中心、设备用房等。

体育馆内设一个游泳馆（50m×25m游泳池），游泳池赛时临时搭建顶盖用于部分赛事管理区和运动员及随队官员工作区。体育馆地下一层，地上三层，建筑高度23.75m，基础、主体、固定看台为钢筋混凝土框架结构，楼梯为剪力墙结构，屋架为钢网架结构形式，屋面为铝锰镁板直立锁边金属屋面板。奥运会赛时，主体育馆中设40m×60m的比赛区，承办奥运会柔道、跆拳道比赛。残奥会时，承办轮椅篮球、轮椅橄榄球比赛。

二、太阳光导管简介

在北京科技大学体育馆的比赛馆中心场地范围（45m×30m=1 350m²）内，安装了148根直径为530mm的光导管（折射率为99.7%），目前是北京奥运会所有奥运场馆中在比赛场馆中央安置光导管最多的。同时，为了满足长距离导入太阳光和高、大空间照明的要求，采用了新开发的采光罩和漫射器。新开发采光罩比普通采光罩的采光效率高10%以上。大直径的漫射器不仅使顶棚更加美观，而且有更好的聚光效果（图1）。在阳光比较好的情况下，它采集的光线能满足体育训练的要求，基本可以不开灯或者尽量少开灯。由于光导管是密闭的，不需要太多维护，可以有效地节省维护的费用。光导管在白天采集光源照亮室内，晚上则可以将室内的灯光通过屋顶的采光罩传出，起到美化夜景的效果。采用148套电动日光调节器，在不需要光线的时候，可关闭或任意调节光线的明暗。

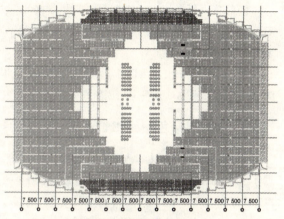

图1 漫散屏布置图

三、太阳光导管照明系统的原理

太阳光导管照明系统主要由采光罩、光导管和漫射器三部分组成。其照明原理是通过采光罩高效采集室外自然光线并导入系统内重新分配，再经过特殊制作的光导管传输和强化后由系统底部的漫射装置把自然光均匀高效地照射到任何需要光线的地方，从黎明到黄昏，甚至雨天、阴天，光导照明系统导入室内的光线仍然很充足，从而打破了照明完全依靠电力的观念。光导照明系统与传统的照明系统相比，具有独特的优点，有着良好的发展前景和广阔的应用领域，是一种绿色、健康、环保、无能耗的照明产品(图2)。

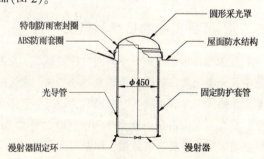

图2 太阳光导管照明系统的构成

太阳光导管耐紫外线和耐冲击的圆顶具有难以置信的韧性，"截光传送装置"(LITD)增加可用来截取不在光导管照明产品开口直接路径上的日光的表面积，然后将日光沿管道传送。结果是日光的输入和输出都得到了增强。

防漏防雨板是整板制作，以确保防漏性能。斜面化的防雨板给索乐图在倾斜的屋面上收集日光提供最佳的位置。

"谱光无限"专利超级反射管道对最亮最纯的光具有世界上最高的反射率，提供近乎完美的色彩再现。

四、太阳光导管照明系统的特点

(1)节能：可完全取代白天的电力照明，至少可提供10h的自然光照明，无能耗，一次性投资，无需维护，节约能源，创造效益！

(2)环保：照明光源取自自然光线，采光柔和、均匀，光强可以根据需要进行实时调节，全频谱、无闪烁、无眩光、无污染，并通过采光罩表面的防紫外线涂层，能最大限度地滤除有害辐射。

(3)安全：采光系统无需配带电器设备和传导线路，避免了因线路老化引起的火灾隐患，且整个系统设计先进、工艺考究，具有防水、防火、防盗、防尘、隔热、隔声、自洁以及防紫外线等性能好等特点。

(4)健康：秉承自然理念，全力打造健康和谐的娱乐、办公、居住环境。科学研究证明，自然光线照明具有更好的视觉效果和心理作用，并且可以清除室内霉气，抑制微生物生长，促进体内营养物质的合成和吸收，改善居住环境等。

(5)时尚：外观时尚、大方，是自然光与人工建筑的完美结合，创造了低耗能、高舒适度的办公、居住、室内活动等环境，有利于建筑装饰艺术创作；多变的自然光，加上阳光丰富的色彩，材质感更加明显，显示出自然光的无穷魅力。

五、太阳光导管的环境和生态保护效应

本场馆采用148套光导管照明产品系统。在大

多数气候条件下,一只普通的商用建筑用21套光导管照明产品可以取代2~3只(安装FO32T8的灯泡)、电子控制的2×4荧光灯槽形灯具(每个功率为93W)的光线输出,每天9h,每周5d,每年52周。商用建筑中使用的每1 000套光导管照明产品系统,一年可以降低能耗435 240kWh。在使用煤炭发电的地区,这种能耗的降低同时意味着阻止了28 726lb的CO_2气体排放到大气中。

太阳光导管照明系统通过采光装置可以大量聚集光线,光导管可以避开建筑物内部的各种结构,高效率地传输光线,再通过漫射装置,使光线均匀、无眩光地照射到室内;系统完全密封,具有良好的隔声、隔热、防尘、防火、防水、降低紫外线、自洁等功能;同时,采光面积只需传统采光面积的1/8左右,光导管材质轻薄,便于安装,无需维护,采用调光装置,光线调节控制方便,可以完全取代白天的电力照明。使用光导管照明产品所带来的环境效应是很容易就可以数量化的。因为光导管照明产品取代了电气照明,这样使电力公司所生产的电力相应减少,也就意味着降低了相应的污染。

六、安装光导管解决屋面防水问题

由于原屋面为铝镁彩板屋面,如何防水是一个关键问题。本项目在实施时采用防水平板+套筒+防水件+进口胶带的做法。其中防水平板用来调整屋面变形,套筒+防水件+进口胶带用来保护采光罩的防水。

此方案经过08办专家论证会及项目工作领导小组的多次讨论,较好地解决了屋面防水的问题,经过一个雨季考验未发生渗漏现象。

七、创新点和技术特点

北京科技大学体育馆是在奥运会场馆中首次采用太阳光导管技术,突出了绿色奥运的理念,建成后将成为世界上体育建筑中最大的太阳光导管系统应用工程,因此本项目具有一定的创新性。

由于本项目特殊的条件,屋顶厚度近8m,吊顶高度17m,如采用普通光导管,很难达到招标文件的技术要求,在本项目中,对普通太阳光导管进行了改进。采用具有国际领先水平的谱光无限光导管,其光的一次反射率高达99.7%,可最有效地传输太阳光。

采光罩采用了棱镜技术,并加大了采光罩的高度,这样可更好地采集自然光线,提高了采光效率(30%~50%)。在早晚太阳高度角很低时,太阳光导管系统一样很明亮。

漫射器由原来的直径530mm,扩大为800mm,不仅增加了美观,而且减少了光线的反射次数,提高了整套光导管的采光效率。

对于本体育馆安装太阳光导管铝镁彩板屋面的防水问题的解决也具有一定的创新性。

八、实施"绿色奥运"理念

目前,我国照明耗电量占总发电量的10%~12%。据不完全统计,2004年年照明耗电量达3 280.5亿度,相当于三峡水利发电工程年发电量的四倍左右。随着人们生活水平的提高,用电量迅速增加,于是必须加大电力投资,这不仅影响了国民经济的发展,而且还造成了大量污染。

北京科技大学体育馆屋面原设计采用采光天窗照明,由于通过采光天窗后进入室内的光线再通过吊顶进入场地内的已非常弱,估计场地内的光照度在室外光线非常强时也只能达到50lx以内,只能保证进入现场进行简单的保养。因此,原设计虽然可以减少一部分白天照明用电量,但是大部分时间仍需电力照明,采光照明效果很差。为了更好地解决采光问题、降低用电量且满足奥运提出的"绿色奥运、人文奥运、科技奥运"三大理念的要求,我们提出了新的解决方案,即考虑在屋顶采用太阳光导管照明系统。

九、项目实施的目标和意义

能源和环境是当前全球共同关注的焦点。我国的建筑总能耗约占社会终端能耗的20.7%,建筑用电和其他类型建筑用能(炊事、照明、家电、生活热水等)折合为电力占全国社会终端电耗的27%~29%。根据国家发改委提供的数据,照明用电占我国总发电量的12%,并正以每年5%的速度增长,预计2010

年我国用电量将达到 2.7 万亿 kWh。照明用电的迅速增加，不但要增加大量的电力投资，而且还会产生大量污染。照明在能源及其环境污染上的严重问题已经引起人们的共识，实施绿色照明非常必要。绿色照明的目标之一就是充分利用太阳能，减少人工照明用电。

太阳能已成为生态建筑能量系统的灵魂与动力。我国太阳能资源丰富，根据全国 700 个气象台站的长期观测，全国各地的太阳能辐射总量为 334.94~837.36kJ/cm² 之间，其中间值为 586.15kJ/cm²，北京地区的年辐射总量为 535.9kJ/cm²，具有利用太阳能的客观优势。根据中国气象局统计，北京地区的年日照率为 60%，每年有 184d 的日照时间在 8h 以上。若利用天然光，如果建筑面积为 1 000m²，工作面按平均光照度 100lx 计算，单位面积电耗取 20W/m²，每年则可节约照明用电：1 000×20×184×8=29 440kWh，节能潜力十分可观。天然光比人工照明具有更高的视觉功效，有利于人们的身心健康而且可以减少空调负荷，有助于降低建筑能耗。Bouchet 在 1996 年提出，仅仅 50lx 的天然光就可显著减轻那些在地下工作的人们的孤独感。

太阳光导管系统能够把白天的太阳光有效地传递到室内，改变目前很多建筑"室外阳光灿烂、室内灯火辉煌"的局面。太阳光导管可以用于办公楼、住宅、商店、旅馆等建筑的地下室或走廊的天然采光或辅助照明，并能取得良好的采光照明效果，是太阳光利用的一种有效方式。在北京发展太阳光导管技术，实现"全阳光建筑"，尤其在首都的农村地区发展该技术，可节省照明用电，对于建筑节能有重要意义。在奥运建筑中采用太阳光导管技术，在节电的同时，更突出了"绿色奥运"的理念。

十、可行性分析

光导管系统在国外的应用和发展也是近十几年的事情，目前相关的文献报道并不是很多。

我国目前在光导管方面的研制和应用仍然相对落后，光导管的传输效率有待于进一步提高，在基础理论研究和产品设计、实践操作等方面的工作还很不够。

2000 年以后，随着经济生活水平的提高和人们环保意识的提升，特别是 2008 年北京奥运会申办成功以后，自然光照明这种绿色、环保、健康、节能的照明方式越来越受到人们的重视。太阳能光导管技术已经被正式列入奥运工程环保指南。2006 年 7 月 7 日，北京市"2008"工程指挥部办公室专门组织召开光导技术应用研讨会，对太阳能光导管在奥运建筑中的应用的可行性进行研究讨论。国内在太阳光导管的应用方面还比较少，目前主要用于建筑节能的示范工程中，如清华大学建筑节能研究中心安装了两套、北京工业大学能源楼安装了三套。上海节能中心、青岛港办公楼、延庆度假村、办公楼等都安装了光导照明系统。在国内大型公共建筑中采用太阳能光导管最大的工程是北京科技大学体育馆，该体育馆是 2008 年北京奥运会柔道、跆拳道比赛馆，建筑面积 24 662.32m²，本工程外围护结构中窗户的面积很小，很难满足白天采光的需要，因此设计采用近百根大直径、多种规格的太阳能光导管照明系统进行采光照明，可以达到美化建筑外观、改善视觉效果和节约能源的目的。

北京科技大学体育馆建成后，将成为世界上体育建筑中最大的太阳光导管系统应用工程，为本项目的开展提供了非常好的平台。考虑到赛后的使用，体育馆内比赛训练场地(45m×30m=1 350m²)采用太阳能光导管进行照明。要求室外临界照度值为 20 000lx 时，指定场地地面的室内临界照度为 135lx，采光均匀度(E_{min}/E_{av})不小于 0.7，满足一般体育课的教学要求。体育馆光导管的最底端散光板距离地面还有 17m 的距离，每根光导管长 7.5m。目前，太阳能光导管在奥运建筑中的应用和研究国内外尚未见文献报道，北京科技大学体育馆太阳光导管系统是 2008 年北京奥运会绿色奥运的一大亮点。由于太阳能光导管还没有一个统一的计算方法和性能评价标准。英美的太阳能光导管的生产企业目前对于工程设计依然处于估算阶段，因此对太阳能光导管设计计算方法的研究很有必要。尤其对于北京科技大学体育馆这样特殊的大型太阳能光导管工程，目前还没有相关的工程实例和技术资料可以借鉴。

目前,太阳光导管技术在国外很受欢迎。在体育场馆、学校、国防军事、地下空间、医院、疗养中心、商场超市、工业厂房、展览馆、动物园、海洋馆、办公场所、监狱、物流中心、港口、机场、火车站、地铁、轻轨、移动房、酒店、住宅、别墅、高级会馆等场所已得到广泛应用,据了解,美国每年销售数量在15万套以上;因其舒适、节能且性能可靠,受到了用户的一致赞同。

在2007年由国家发改委和北京市政府主办的国际节能环保展览会上,自然光光导照明产品受到了热烈欢迎。随着建筑节能事业的蓬勃发展,太阳光导管技术及产品具有广阔的市场推广前景。

太阳光导管系统不漏水、不结露、不积尘,通过现场测试,当室外临界光照度值为20 000lx时,在没有电力照明补充的基础上,北京科技大学体育馆(2008年北京奥运会柔道、跆拳道比赛馆)的主比赛馆中心场地(45m×30m=1 350m²)范围内,场地地面上1m的室内临界光照度为135lx,采光均匀度(E_{min}/E_{av})不小于0.7,满足一般体育课的教学要求。

十一、经济效益、社会效益

本工程经过专家论证及项目工作小组的多次讨论,确定了防水施工及安装方案。

在工程安装过程中,严格按照施工方案执行,收到了预期的效果。原计划15d完成的光导管一期工作,提前5d完成;今年北京几次大雨,屋面没有任何滴漏现象;可以预期在吊顶安装完成的同时,完成光导管的安装工作。

经济效益:由于与吊顶施工方共用满堂红脚手架,节约了此部分脚手架的租赁、搭设、拆除费用。节约了大量的人力、物力。

依据考察情况,下面分别从节能环保、性能特点、造价等方面就采光天窗和光导照明系统的优缺点进行比较。

(1)节能环保

光导照明不依靠电力就能白天照明,属于基本无能耗产品;系统照明光源取自自然光线,采光柔和、均匀,出射光全频谱、无闪烁、无眩光、无污染,并通过采光罩表面的涂层,能最大限度地减弱有害辐射,属于绿色、健康、节能、环保产品。

(2)性能特点

光导照明系统通过采光装置可以大量聚集光线,而且可以避开建筑物内部的各种结构,高效率地传输光线,再通过漫射装置,使光线均匀、无眩光地照射到室内;系统完全密封,具有良好的隔声、隔热、防尘、防火、防水、降低紫外线、自洁等功能;同时,采光面积只需传统采光面积的八分之一左右,光导管材质轻薄,便于安装,无需维护,采用调光装置,光线调节控制方便,可以基本取代白天的电力照明。

(3)性价比

下面是被考察单位向项目考察人员提供的"一个三间图书阅览室工程案例",并就三种采光的效果及造价花费作了对比:最初采用侧窗采光,整体效果不理想;后来改为采光天窗,由于吊顶等建筑的影响,效果也是不理想;最终采用光导照明系统照明,达到了预期的效果。

图3能有效地说明光导照明的性能效果。

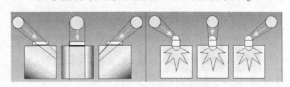

图3 光导照明的性能效果

如图3:左为无吊顶建筑的采光天窗,右为光导管照明,由图可知,采光天窗受光线入射角的影响很大,随着光线入射角的变化,照射面积大小及位置相应改变,且易产生局部聚光现象,如增加吊顶照明效果将更差;而光导照明产品不会因光线入射角的变化而改变太多,且照射面积大,出射光线均匀、无眩光,不会产生局部聚光现象,不受吊顶影响。

社会效益:本项目采用光导管照明,因节电而减少环境污染数据如本文前面提到的效果。

十二、项目风险

根据设计布置图,需在体育馆中心区域开148个、$D=550mm$ 的孔洞,而且要基本均匀、对称。由于原设计屋面为彩钢屋面，防水是一个十分重要、不好处理的问题。经过专家论证、项目小组反复讨论，为避免原屋面的防水层破坏，采用了卡件固定龙骨、防水套筒加保温的做法，同时在洞口四周安装钢井字架以加强原屋面。

安装光导管：由于光导管较长，如在空中安装，工人高空作业风险大、效率低。后经与美国专家的探讨，在屋面将大部分管道组装好后再往下安装，这样极大地提高了工作效率，降低了工人安装的风险。

十三、光导管照明系统具有推广应用价值

(1) 本工程填补了国内体育场馆无电照明的空白。

(2) 在轻型彩板屋面加设光导管，较好地解决防水问题，值得借鉴，可以为类似项目提供参考依据。

(3) 提高了项目的整体舒适度，降低了项目的整体能耗。

(4) 解决了奥运会后业主日常使用时的自然采光问题，有利于学生的身心健康，降低了运营成本。

(5) 解决了节能产品的使用期过后二次处理污染问题。

(6) 由于光导管可以在屋面组装、检查，减少了高空作业的工程量，在操作人员人身安全方面有良好的效果。

(7) 在经济效益方面，与采用高天窗相比，成本没有增加。由于没有保养费用，节约了大量的电力、能耗。因此整体费用降低。

(8) 北京科技大学体育馆作为奥运比赛场馆，选用真正环保、节能的产品，对社会起到了示范作用，社会影响巨大，《北京晚报》《京华时报》《科技日报》、北京电视台等多家媒体进行了多次报道。

十四、解决照明不用电力

设计人员在设计北京科技大学体育馆时，考虑了在多方面进行创新。我们设计在比赛厅顶棚设置148个光导管自然光采光系统，这应该是北京奥运会所有奥运场馆中在比赛场馆中央安置光导管最多的。其原理是，通过采光罩高效采集室外自然光线并导入系统内重新分配，再经过特殊制作的光导管传输和强化后，由系统底部的漫射装置把自然光均匀、高效地照射到任何需要光线的地方，不论是黎明、黄昏，还是雨天、阴天，光导照明系统导入室内的光线都会很充足，至少都能满足体育训练的要求，基本可以不开灯或者尽量少开灯。由于光导管是密闭的，不需要太多维护，从而有效地节省维护费用，打破了"照明完全依靠电力"的传统观念。

光导照明系统与传统的照明系统相比，纯粹是一种绿色、健康、环保的照明产品。栗铁告诉记者，其唯一一点能耗就是每个光导管都装有一套电动日光调节器，这是为保证奥运赛时电视转播需要强烈灯光的要求，关闭或调节导管内的遮光片。

十五、实施效果（图4）

图4 光导管照明系统的实施效果

苏丹跨青尼罗大桥(RUFFA)施工组织设计(下)

◆ 高 鹏，韩周强，杨俊杰

5、桥头搭板

钢筋混凝土搭板及枕梁采用就地浇筑。桥头搭板必须在桥头路基沉降稳定后浇筑，浇筑时预留伸缩缝的位置。全桥搭板按设计分八块浇筑，纵横坡度与线路一致。

五、道路及防护工程施工

(一)道路工程概况

本工程共设ZA(RUFA'A至哈萨黑萨、喀土穆)、ZB(哈萨黑萨至喀土穆公路)两条主线道路和A、B、C、D四条匝道，现将各道路分述如下：

1、哈萨黑萨至喀土穆之间的道路(ZB)设置于地面，道路中线与既有道路重合，利用既有道路。

2、ZA线上跨尼罗河和哈萨黑萨至喀土穆公路后下坡，左幅道路连接喀土穆方向上匝道(C匝道)，右幅道路左转(D匝道)接入哈萨黑萨至喀土穆公路，完成由RUFA'A至哈萨黑萨的左转。ZA线行车道宽度为7.5m，两侧各设1.75m的人行道。最小平曲线半径$R=81.875m$，缓和曲线最小长度$L=45m$。

3、A匝道为哈萨黑萨右转去RUFA'A的匝道，由哈萨黑萨至喀土穆公路分出后，上坡后经A匝道接入ZA主线，A匝道为单向单车道匝道，行车道宽度采用净—7m，最小平曲线半径$R=60m$，缓和曲线最小长度$L=35m$。

4、B匝道为RUFA'A右转至喀土穆，匝道由ZA主线桥分出，经B匝道下坡后接入哈萨黑萨至喀土穆公路地面道路。B匝道为单向单车道匝道，行车道宽度采用净—7m，最小平曲线半径$R=200m$，缓和曲线最小长度$L=100m$。

5、C匝道为喀土穆左转至RUFA'A的道路，自哈萨黑萨至喀土穆公路主线分流后上坡接入ZA主线，完成由喀土穆至RUFA'A的左转。C匝道为单向单车道匝道，行车道宽度采用净—7m，最小平曲线半径$R=80m$，缓和曲线最小长度$L=45m$。

6、D匝道为哈萨黑萨右转至RUFA'A的道路，自哈萨黑萨至喀土穆公路主线分出后上坡接入ZA主线，完成由哈萨黑萨至喀土穆的右转。D匝道为单向单车道匝道，行车道宽度采用净—7m，最小平曲线半径$R=80m$，缓和曲线最小长度$L=45m$。

本工程方案的路面结构采用沥青混凝土路面结构，机动车道路面结构为：8cm沥青混凝土(AC-13I)+35cm级配天然砂砾+40cm良好砂砾石底基层。

人行道结构为:土质硬路肩。

(二)道路施工方法

本工程填筑土石方25 480m³,施工以机械化作业为主。基底为斜面的,要挖成台阶式,利用挖基产生的优质填料填筑,装载机、自卸车装运,推土机整平,振动压路机压实;桥台后背采用级配合理均匀的渗水土填筑,采用压路机压实,大型压路机不能到达的部位,采用小型振动压路机压实。开挖采用挖掘机。

为保证施工质量,提高施工效率,采用"三阶段、四区段、八流程"的作业程序组织施工。

三阶段:准备阶段-施工阶段-竣工验收阶段;

四区段:填筑区-平整区-碾压区-检验区;

八流程:施工准备-基底处理-分层填筑-摊铺整平-洒水(晾晒)-碾压夯实-检验签证-路面整形(边坡整修)。

严格按照规范要求,运用科学的检测手段,进行密度、强度及颗粒级配等工程质量标准的检验。尤其是在每层填筑、平整、压实后,及时进行检测,在确定填料质量、填筑厚度、层面纵横向平整均匀度等符合要求后,再测定密实度。采用灌砂法进行检验。

(三)浆砌片石防护工程

1、坡面铺砌要在填土压实符合要求、坡体趋于稳定或填土压实达到要求后,按设计和规范要求清刷坡面浮渣,填补凹坑并拍实、平整。

2、按设计标准测量放样,开挖墙角基槽。

3、砌筑基础的第一层砌块:先将基底表面清洗、湿润,再坐浆砌筑。砌筑上层砌块时,避免振动下层砌块,砌筑中断后恢复砌筑时将砌好的表面加以清扫、湿润再坐浆砌筑。选择合格片石立砌,接缝错开。铺砌厚度均匀,水泥砂浆饱满,采用凹缝,外观整齐美观,砌筑后及时回填边缘,夯填密实,防止地表水浸入。

4、施工时按设计要求设置伸缩缝,缝内填塞沥青木板,砌筑要分段进行,在基坑地质变化处设置沉降缝。

5、砌出地面后及时回填夯实,并做好基坑顶面排水、防渗设施,伸缩缝与沉降缝内两侧平齐无搭叠。缝中防水材料按要求深度填塞紧密,按图纸位置及尺寸预留泄水孔。

6、砌体勾缝砂浆嵌入砌缝内2cm深。如缝槽深度不足或砌体外露未留缝槽时,均先开槽后勾缝。墙身台阶采取加强措施(如设片石接榫),以保证该处强度及整体性。

六、施工进度计划及劳力、设备安排

(一)施工工期

确保在2007年1月进场,2009年1月竣工,总工期为24个月。

(二)单位工程施工进度计划

根据业主要求,拟在24个月内完成本工程。项目部将严格贯彻落实各种工期保证措施,切实可行地安排各分项工程的具体工作计划,且严格落实各工作计划的实施。同时,在保证工期的前提下,须做到动态管理、均衡施工,避免人力、物力的浪费。

1)施工进度计划分为三个阶段

第一阶段为施工准备阶段,计划安排35d(2007年1月10日至3月14日)。主要完成材料及机械设备清关进场、施工便道、供水、供电、生产生活用房、交接桩和本合同段线路复测及控制测量、复核技术资料、混凝土配合比的选择及进场材料的试验,以及解决通信、组织机械设备、人员进场等。

第二阶段为主体工程展开施工阶段,计划安排463d(2007年3月15日至2008年7月31日)。主要完成桥梁下部结构、上部结构及道路的施工。

第三阶段为工程收尾阶段,计划安排30d。主要完成现场清理、竣工资料编制及验交等工作。

2)单位工程施工进度计划

1、桥梁工程

(1)下部结构施工

①钻孔灌注桩基础施工:约为4个月;

②承(桥)台施工:约为4个月;

③墩柱施工:约为4个半月。

(2)上部结构施工:

①槽形梁施工:约为40d;

②引桥箱梁施工:3个月;

③主桥悬灌施工:6个半月;

④桥面及附属施工:约为1个月。

2、道路施工

(1)土方及防护工程:约为5个月;

(2)沥青:约为半个月。

3、竣工收尾:

详见图7:施工进度横道图,约为40d。

(三)确保施工工期的措施

本工程属于新建项目,为了充分发挥专业施工队伍骨干力量和机械设备齐全的优势,结合本工程的特点,决定采取以下措施来保证按期完工。

1)从机械设备和人员落实上保证

项目部由精干的工程技术人员和富有经验的施工管理人员组成,统一指挥协调本工程的施工;选派技术力量较强、机械设备先进的施工队伍,从人员落实和机械设备配备上保证工期按期完成。

2)从材料供应上保证

项目部安排一名专业人员负责材料的采购、运输、保管、领导和协调材料供应,确保工程需要,坚决杜绝停工待料现象的发生,工程所需的各种材料,视材料的性质和价格,分别采用外购和当地采购等办法予以解决,并作一定数量的储备。

3)从施工计划编制上保证

按照工期要求,分阶段制定施工计划和实施方案,重点工程和难点项目做好施工组织设计。

合理安排各分项工程的施工顺序,缩短流水作业的流程,努力加快各环节的施工进度,确保总体工期。

4)从安全生产上保证

加强职工安全法规教育,增强安全生产的观念。各施工分队成立安全小组,设专职人员负责日常生产的安全教育,督促、保证施工的顺利进行。

5)从后勤生活上保证

加强机械设备和车辆的维修保养,保障施工机械的正常运转;搞好职工食堂,防病治病,保障职工身体健康,保证正常的出勤率,以确保工期。

6)从资金落实上保证

在工程施工前期,除业主支付的开工预付款以外,项目部将投入一定数量的自有流动资金,保证工程前期所需的人员、材料和设备及时到位,确保前期工作的顺利展开。对期中业主支付的工程款,实行专款专用。

7)积极开展技术攻关,及时处理施工中的技术难点

根据以往施工中存在的问题,积极开展群众性的技术革新活动,人人动脑筋,尊重科学,在应用和研制新技术、新工艺、新设备方面依靠技术进步,为优质快速地建设本项目服务。

8)加强与业主和监理的联系,与当地群众搞好关系

加强与业主的联系,尊重苏丹当地的风俗习惯,做好与当地政府和群众的协调工作,取得当地政府

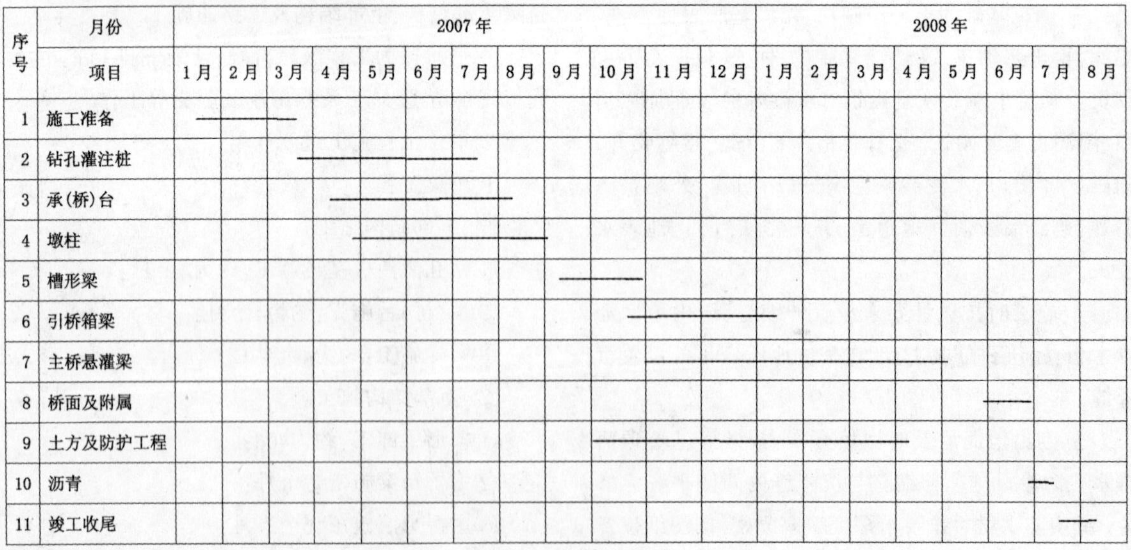

序号	月份 项目	2007年												2008年							
		1月	2月	3月	4月	5月	6月	7月	8月	9月	10月	11月	12月	1月	2月	3月	4月	5月	6月	7月	8月
1	施工准备	—																			
2	钻孔灌注桩			—	—	—	—														
3	承(桥)台				—	—	—	—	—												
4	墩柱					—	—	—	—												
5	槽形梁									—	—										
6	引桥箱梁										—	—	—	—							
7	主桥悬灌梁										—	—	—	—	—						
8	桥面及附属														—	—	—				
9	土方及防护工程										—	—	—	—	—						
10	沥青																		—		
11	竣工收尾																			—	—

图7 施工进度横道图

人员落实表 表5

人员类别	最高峰人数	2007年												2008年							
		1月	2月	3月	4月	5月	6月	7月	8月	9月	10月	11月	12月	1月	2月	3月	4月	5月	6月	7月	8月
管理人员	15	7	11	15	15	15	15	15	15	15	15	15	15	15	15	15	15	15	15	10	8
司机	11	2	8	11	11	11	11	11	11	11	11	11	11	11	11	11	11	11	11	6	6
熟练工	80	16	16	50	60	60	60	60	60	60	60	80	80	80	80	80	80	40	40	30	20
普工	100		40	60	80	80	80	80	50	40	80	100	100	100	100	100	80	30	30	20	
合计	206	25	75	136	166	166	166	166	136	126	166	206	206	206	206	206	186	96	96	66	34

劳动力人数梯度图：25, 75, 136, 166, 136, 126, 166, 206, 186, 96, 66, 34

与群众的支持，使工程施工进展顺利。

(四)劳动力计划安排(表5)

(五)机械设备投入(表6)

(六)进度计划保证措施

1)在本工程的施工周期内，合理安排节假日、休息日，充分利用好夜间作业时间，以此满足工期要求。

2)项目管理部人员实施全天候目标跟踪管理，不间断跟踪现场施工节点，发现问题及时地上报并及时处理。

3)以工程项目为本，项目管理部建立一周一次工程例会制度，会同业主、监理、设计等单位及时协调各方关系，将工程施工中出现的问题及时化解处理。

4)将本工程总工期目标分解成各分项分部工程节点目标，明确各节点目标的管理责任人。

5)按照工期，划分出难点和重点，对各工序流程进行工程量计算，优化工序方案。

6)编制详细的周计划、月计划，使之与总工期匹配，月度与季度计划的控制是实现总工期计划的关键，计划的编制以工作量为基础，严格按照项目合法工期，科学制定。

7)在总工期进度计划、月度计划的前提下制定切实可行的施工作业计划，施工作业计划要求编制详细，在向各班组下达时，明确在确保质量前提下缩短时间，以提前完成为目标。

8)依据施工作业计划相应编制各施工阶段的各种物资资源需求计划，根据所需物资的市场供应情况或成品、半成品加工周期以及运输等情况超前编制各类物资材料及设备的供应计划。对各节点工程的形象进度、物资供应情况进行管理检查，确认实际施工情况是否满足计划节点要求，如发生偏离则立即调正计划，分析原因，以确保关键工序计划的执行和实现目标管理。

9)加强实物工作量的计量统计，根据施工实际情况、收集的项目施工实际进度数据进行必要的整理，使之与计划进度数据相比较，以此来控制计划的完成。

10)道路、桥梁下部结构进度计划要从工序流程安排上进行控制，编制科学合理的施工工序流程，视现场施工条件成熟程度进行施工。

11)主桥施工进度(工期)的有效控制是保证本工程总工期顺利实现的关键之一，因此在施工时我们将加大机械投入量，以优化的技术方案和机械设备的大投入量来保证本节点工期目标的实现。

12)根据合理的、科学的总体施工布置及工期要求，布置合理的工作面，及早做好成品、半成品的

案例分析

机械设备配备表   表6

序号	设备分类	设备名称	规格型号	单位	数量	备注
1	混凝土设备	混凝土搅拌站	HZS50	台	2	
2		混凝土搅拌站	HZS25	台	1	
3		制冰机	F250C	台	1	每天25t
4		混凝土输送车	TZ5160	台	5	
5		混凝土输送泵	HBT60B	台	2	配800m备用管
6		插入式振捣器	φ50,1.1kW	台	60	配120个8m棒,30个12m棒
7		水泥储罐	100t	个	4	
8		平板振捣器	1.5kW	台	6	
9	钢筋设备	电焊机	BX500	台	20	配电焊条10t
10		弯曲机	GW40	台	16	
11		切断机	GQ40	台	16	
12		切割机	XQ400	台	8	
13		对焊机	UN100	台	3	
14		钢筋连接机械	f16-40	台	4	
15		卷扬机	JK3	台	6	
16		卷扬机	JK1	台	6	
17	钢材设备	车床	C630	台	1	
18		立式车床	G512	台	2	
19		摇臂钻床	ZN3050-16	台	2	
20		摇臂钻床	Z3025	台	2	
21		龙门吊	20t	台	2	
22		四辊卷板机	ZDW12-20*2500	台	2	
23		滚板机	W11-25/2000B	台	2	
24		半自动氧气切割机	CG1-30	台	2	
25		半自动金属锯床	C5025	台	1	
26		型钢专用锯	G4064X	台	1	
27		刨边机	B81120A	台	1	
28		角向磨光机		台	1	
29		折弯机	W67Y-160	台	1	
30		滚剪倒角机	GD-20	台	1	
31		埋弧自动焊机	MZ-1-1250	台	1	
32		埋弧自动焊机	MZ-1000	台	1	
33		交流电焊机	BX3-500-1	台	2	
34		波纹管卷管机	KJ130	台	1	
35		剪板机	Q12Y-16X2000B	台	2	
36	栈桥设备（钢管）	90kN振动锤	DZJ90	台	1	
37		40kN振动锤	DZJ40	台	1	
38	钻孔设备	钻机	旋挖	台	1	
39		泥浆泵	WB50	台	10	
40		20m³电动空压机	L3.5-20/8-1	台	3	风管500
41		8m³电动空压机		台	4	
42		抽水机	40m³/h	台	12	
43		空气吸泥机	自制	台	2	
44		50t连续千斤顶	LQ50	台	4	
45		泥浆净化器	ZX-200	台	1	
46		导管		m	250	

续表

序号	设备分类	设备名称	规格型号	单位	数量	备注
47	张拉设备	普通千斤顶	10t	台	8	
48		张拉千斤顶	YCW250B	台	4	
49		张拉千斤顶	YCW400B	台	4	
50		张拉千斤顶	YDC240Q	台	2	
51		张拉千斤顶	YC60	台	2	
52		P型锚挤压机	GYJ-1	台	2	
53		灰浆搅拌机	HJ320	台	4	
54		挂篮	50t	套	4	
55		高压油泵	ZB4-500	台	12	
56		注浆泵	BY10	台	4	
57	发电设备	发电机	GF400	台	2	
58		发电机	GF200	台	4	
59		发电机	GF75	台	6	
60		发电机	GF25	台	6	
61		变压器	S9-400kVA	台	1	
62		变压器	S9-800kVA	台	1	
63		高压电缆		km	10	
64	通用设备	装载机	ZL50B	台	2	
65		推土机	TY220	台	1	
66		挖掘机	PC220-7	台	1	
67		汽车吊	QY25	台	1	
68		自卸车	ND2631	台	2	

加工计划并及时早加工。

13)全体施工管理人员对本工程施工图纸要全面了解熟悉。

七、质量管理

(一)质量目标

本工程质量目标为:一次验收合格率达到100%,满足工程功能的质量要求。

为优质完成本合同段的施工任务,按照ISO 9002系列标准及工程施工的特点,制定完善的工程质量管理制度,建立以项目经理为组长,项目总工程师为副组长,工程技术、质量检查、安全监察、物资设备管理等部门负责人和有关人员参加的质量管理领导小组,建立健全质量保证体系。

(二)工程质量体系及管理网络

1)形成一个有效的保证体系

贯彻GB/T 19002-ISO 9002系列标准,根据《质量保证手册》和《质量体系程序》文件,从质量策划、合同评审、供应商的评审、采购验证、施工过程控制、检验、测量和试验设备的控制、不合格品的控制、文件和资料控制、质量记录的控制到培训、服务等要素着手,在整个施工过程中,形成一个符合国际ISO 9002系列标准的质量保证体系。

2)建立健全质量管理网络

为保证施工质量,在施工现场实行以总工程师为核心的质量管理网络。以优质工程为目标,实行工程质量目标管理,明确各部门的工作岗位职责,落实质量责任制。由检验科具体负责,各项目组配备专职质量员,强化质量监控和检测手段。

(三)针对性质量保证措施

1)质量保证的具体措施

1.组织严密完善的职能管理机构,按照质量保证体系正常运转的要求,依据分工负责、相互协调的管理原则,层层落实职能、责任、风险和利益,保证在整个工程施工生产的过程中,质量保证体系的正常运作和发挥保障作用。

2.施工前,组织技术人员认真会审设计文件和图纸,切实了解和掌握工程的要求和施工的技术标准,理解业主的需要和要求,如有不清楚或是不明确之处,及时向业主或设计单位提出书面报告。

3.根据工程的要求和特点,组织专业技术人员编写具体实施的施工组织设计,严格按照本公司质量体系程序文件的要求和内容,编制施工计划,确定并落实配备适用的实施设备、施工过程控制手段、检验设备、辅助装置、资源(包括人力)以达到规定的质量,并根据工程施工的需要和技术要求,针对钻孔灌注桩、箱梁及槽形梁施工以及悬灌施工等特殊和重要工序,分项制定施工方案,以保证本工程的质量达到要求。

4.做好开工前及各部位、工序正式施工技术交底工作,使各施工人员清楚和掌握将进行施工的工程部位、工序的施工要求、施工工艺、技术规范、特殊和重点部位的特点,真正做到心中有数,确保施工操作过程的准确性和规范性。

5.按照ISO 9002质量体系运行模式的标准及内部质量标准,做好每道施工过程控制工作。

(1)配齐满足工程施工需要的人力资源。有针对性地组织各类施工人员学习《公路桥涵施工技术操作规范》和进行必要的施工前的岗位培训,以保证工程施工的技术需要;工程施工的技术人员、组织管理人员必须熟悉本工程的技术、工艺要求,了解工程的特点和现场情况,以确保工程施工过程的正常运转。

(2)配齐满足工程施工需要的各类设备。自有设备必须经检修、试机、检验合格后,方能进场施工。外租设备在进场前,要对其进行检验和认可,证明能满足工程施工需要后,方可进场施工。

(3)做好工程测量、复核工作。配备专职人员,成立一支测放迅速准确、计算精确、全心全意为生产一线服务的专业测量组,严格执行测量放样三级(项目组、测量组、监理)复核制度,做到有放必复,经复核认可后,方可进行施工。以"放准、勤复、点、线、面通盘控制"的方法,确保测量工作的准确无误,并做好测量原始记录的保存归档工作。

(4)对经认可适宜施工过程的方案、方法、工艺

技术参数和指标进行严密的监视和控制,保证在具体的施工操作过程中,能够按照业主的期望实现,尤其是对工程的特殊和重点部位和工序,则要专门制定施工方案,并加大监视的力度和控制的手段,使工程施工的每个部位、工序的形成均达到优良标准。

(5)严格按照施工组织设计和操作规程,高起点、高质量地做好每道工序,确保每道工序、每个部位、整项工程最终达到优质。

(6)做好工程质量检验工作,加强自检、互检工作,实行三级(班组、项目组、质检科)检验制度,做好隐蔽工程验收,由班组填自检单,然后项目组检验,质检科抽检,监理验证签字。做好上下道工序验收,只有上道工序通过验收后方可进行下道工序施工,对重要环节一定要按规范和设计要求进行控制。

(7)合理的施工进度也是保证工程质量的必要手段之一。我们将采用合理的施工进度计划和保障措施,通过网络计划、节点控制、工期中间排序法等现代施工管理方法,在业主要求的工期内,将施工进度控制在最合理、最便于质量控制的节奏上,确保优质、高效、低成本的目标实现。

6.把好原材料、成品的质量关。凡使用在本工程中的原材料、成品、半成品和设备都须是经过认证的合格产品或推荐使用的合格产品,到施工现场须进行严格检验,并具备质保单和试验技术资料等。做好各种材料的质量记录和资料的整理和保存工作,使各种证明、合格证(单)、验收、试验单据等齐全,确保其完整性和可追溯性。

7.预制场内一定要设置现场试验室和标准养护室,按照《试验室规程》中的要求对各种试块进行养护,并按照规范要求做好各类原材料、半成品预构件、混凝土、砂浆、锚固件、焊接件等的抽检和复检工作,确保各种试验的时效性和准确性,用数据和分析图表配合和指导现场施工质量。

8.对施工中各类测量仪器,如经纬仪、水准仪、测距仪等,以及试验设备,如称量、张拉等设备,须按规定做好计量检定工作,并在使用的过程中,随时发现掌握可能出现的偏差,以保证计量设备的准确。

9.根据工程验收和我公司质量体系对工程竣工

资料和施工管理控制资料的要求，做好各类资料的收集、保存、归档等工作。尤其是对于各种资料的形成过程中，对图、表、记录、原始凭证、施工文件、往来信函等，在内容、签认、格式等方面进行有效的管理和控制，保证文件和资料控制对保障工程施工质量的有效性和可追溯性，确保工程竣工资料的准确性、及时性和完整性。

10.施工过程中，定期开展质量活动，活动形式可多样化，可以是各项目组的互检、组织学习、参观样板工程，以达到相互交流，传递质量信息，提高质量意识，促进工程质量的提高。

2) 施工质量检测方法

详见表7、表8。

八、安全生产及文明施工

(一)安全生产管理

1) 管理目标

杜绝重大伤亡事故，杜绝因工亡人事故，避免因

施工质量检测方法(一)　　　　表7

检测项目	主要仪器设备	采用标准		质量保证措施
		试验规程	技术标准及规范	
水泥检验（全项）	电动抗折机、净浆搅拌机、胶砂搅拌机、胶砂振动台、稠度及凝结时间测定仪、沸煮箱、电动跳桌、负压筛、水泥标准筛等	GB 1345—91 水泥细度检验方法；GB 1346—89 标准稠度、凝结时间、安定性检验；GB 177—92 水泥胶砂强度检验方法；ZBQ 11004—86 水泥强度快速检验方法；GB 2419—81 水泥胶砂流动度测定方法等	GB 175—92 硅酸盐水泥、普通硅酸盐水泥	水泥进场时必须有出厂试验报告单，并按水泥牌号、强度等级、品种、出厂日期分类堆码，凡对水泥质量有疑问，或监理工程师提出要求，或水泥存放期超过三个月，均应对水泥进行复查检验
砂检验：筛分析、表观密度、堆积密度和紧密度、含水率、泥块含量	振筛机、干燥箱、架盘天平、案秤、台秤、容量筒	JTJ 058—94 公路工程集料试验规程		
JTJ 041—2000 公路桥涵施工技术规范 JTJ 058—94 公路工程集料试验规程	使用前，对砂、石来源进行调查，选定能保证供应量、供应质量的供货单位，并按规定要求对其质量进行抽样检验，每批量的砂作筛分析。凡不符合要求者杜绝进入施工场地	石子检验：筛分析、表观密度、堆积密度和紧密度、含水率、吸水率、含泥量、泥块含量、针片状颗粒含量、抗压强度、压碎指标	振筛机、干燥箱、架盘天平、案秤、台秤、容量筒、针片状规准仪	JTJ 058—94 公路工程集料试验规程
混凝土拌合物试验及配合比设计：容重、坍落度、维勃稠度、含气量、凝结时间	混凝土搅拌机、混凝土振动台、混凝土阻力仪、混凝土维勃稠度仪、架盘天平、案秤、台秤、混凝土坍落度筒、含气量测定仪、容量桶、量筒等	GBJ 80—85 普通混凝土拌合物性能试验方法；JGJ 55—81 普通混凝土配合比设计技术规定；GBJ 146—90 粉煤灰混凝土应用技术规定	GB 50204—92 混凝土结构工程施工及验收规范；GBJ 107—87 混凝土强度检验评定标准；JTJ 041—2000 公路桥涵施工技术规范；GBJ 119—88 混凝土外加剂应用技术规范	根据技术规范及设计要求，严格按试验规程进行操作，做到数据准确可靠。优化选出符合结构物要求的配合比
混凝土浇筑质量控制	混凝土坍落度、架盘天平、促凝压蒸试验设备	GBJ 80—85 普通混凝土拌合物性能试验方法	GBJ 107—87 混凝土强度检验评定标准；JTJ 041—2000 公路桥涵施工技术规范	严格控制计算仪器的计量精度，使砂、石、水泥、水、外加剂等计量误差符合规定要求，严格按照规定要求检测混凝土的坍落度范围，并采用1h混凝土强度推定28d强度新技术控制混凝土的生产质量，且用微机分析，使混凝土质量处于受控状态；按规定要求取样制作试件、养护

施工质量检测方法(二)　　表8

检测项目	主要仪器设备	采用标准		质量保证措施
		试验规程	技术标准及规范	
混凝土力学性能试验	1 000kN万能材料试验机、促凝压蒸试验设备、回弹仪、干燥箱等	GBJ 81—85 普通混凝土力学性能试验规程；GBJ 82—85 普通混凝土长期和耐久性能试验方法	JTJ 041—2000 公路桥涵施工技术规范；GB 50204—92 混凝土结构工程施工及验收规范；GBJ 107—87 混凝土强度检验评定标准	严格按试验规程进行操作，做到准确可靠
金属材料试验：拉力试验、弯曲试验、焊接接头试验	万能材料试验机、弯曲机、游标卡尺、直钢尺等	GB 228—87 金属拉伸试验方法；GB 232—88 金属弯曲试验方法；GB 2649~2655—89 焊接接头机械性能试验方法	JTJ 041—2000 公路桥涵施工技术规范；GB 1499—91 钢筋混凝土结构用热轧带肋钢筋；GBJ 204—83 钢筋混凝土工程施工及验收规范；JGJ 18—84 钢筋焊接及验收规范	严格按规定要求取样试验，做到数据准确可靠（进口钢筋还要按要求进行化学分析。根据可焊性决定焊接种类）
土壤物理性能试验：含水量、密度、相对密度、颗粒分析、界限含水量、击实	核子湿度密度仪、K30承载板环刀、架盘天平、机械天平、量筒等	JTJ 051—93 公路土工试验规程	JTJ 033—95 公路路基施工技术规范；市政施工及验收技术规程（上海市政局 1993）；JTJ 071—98 公路工程质量检验评定标准；GBJ 202—83 地基与基础工程施工及验收规范	按要求选定填料，在回填施工中，严格控制含水量、铺土厚度、强压遍数，按规定要求进行填土压实、抽查检验
测试指标：含水量、颗粒分析、相对密度、压碎值	烘箱、铝盒、天平、干燥器、振筛机、台秤、容量筒、压碎指标测定仪	JTJ 057—94 公路工程无机结合料稳定材料试验规程	JTJ 034—93 公路路面基层施工技术规范；JTJ 071—98 公路工程质量检验评定标准；严格按试验规程进行操作，数据准确可靠	沥青混合料测试指标：矿料级配、密度、沥青含量、马歇尔稳定性
标准筛、天平、烘箱、浸水天平、电子秤、网篮、溢流水箱、试件悬吊装置、秒表、马歇尔试验仪、恒温水槽、真空饱水容器、温度计、高度测定器、卡尺、压力过滤装置、脱脂棉花、抽提仪、三氯乙烯	JTJ 052—93 公路工程沥青及沥青混合料试验规程	GBJ 50092—96 沥青路面施工及验收规范；JTJ 032—83 公路沥青路面施工技术规范；JTJ 036—98 公路改性沥青路面施工技术规范；JTJ 071—98 公路工程质量检验评定标准	严格按试验规程操作，确保数据可靠	

工重伤事故，因工受伤事故率控制在0.5‰以内。杜绝重大机械设备事故；杜绝火灾事故；杜绝因我方责任造成的交通亡人事故。

2）安全保证措施

安全施工是关系到职工的生命安全和国家财产不受损失的头等大事，为了确保工程顺利进行，因此，必须认真贯彻"安全第一，预防为主"的方针，加强教育，严格管理，使整个施工过程处于受控状态。本工程设立以项目经理为主的安全施工管理网络，加强安全管理，做到安全施工，坚持管生产必须管安全的原则，各施工队一定要签订有安全保证指标和措施的安全承包内容的协议书。实行安全目标管理，明确工程标准和职责，形成一个有效的安全保证体系。

3）保证工程安全的技术措施

1、加强对工程施工的安全管理工作，遵守标书、合同和政府有关安全生产的规章制度，施工负责人对本单位的安全工作负责，要做到有针对性地详细安全交底，提出明确的安全要求，并认真监督检查。对违反安全规定冒险蛮干的要勒令停工，严格执行安全一票否决制度。

2、加强机械设备安全技术管理，机械设备的操作人员和起重指挥人员做到经过专门训练,并考试合格取得主管部门颁发的特殊工种操作证后方可独立操作。

3、设备安全防护装置做到可靠有效,起重机械严格执行"十不吊"规定和安全操作规程。

所有起吊索具确保满足六倍以上安全系数,捆绑钢丝绳确保满足十倍以上安全系数。

4、施工现场有健全的电气安全管理责任制度和严格的安全规程。电力线路和设备的选型须按国家标准限定安全载流量,所有电气设备的金属外壳做到具备良好的接地或接零保护,所有的临时电源和移动电具要设置有效的漏电保护装置,做到经常对现场的电气线路、设备进行安全检查,电气绝缘、接电零电阻和漏电保护器是否完好,指定专人定期测试。

5、施工现场应设置安全警示牌,进入施工现场须戴好安全帽,上、下沟槽有扶梯,过沟槽设有扶栏的走道板。

6、建立安全检查制度,项目部专职安全员负责对现场施工人员进行安全生产教育和对安全制度的学习,组织定期安全检查,发现问题及时整改,执行按季评比,增强全体职工安全意识和自我保护观念。

7、在采用重型机械施工时,必须夯实行走道路,必要时必须铺设路基箱板,确保机械工作可靠,安全施工。

8、支架搭设必须严格按照安全规程,由具有操作证书的架子工搭设。支架地基与支架体系必须具备足够的承载与刚度,架梁的搭、拆、移动必须专人指挥。施工过程中严禁高空坠物。

(二)文明施工管理

1)管理目标

现场文明施工是展现施工队伍形象,体现施工队伍素质和施工管理水平现代化的一项不可或缺的重要工作。在本工程的建设全过程中,我们将严格按照我国和苏丹政府有关文明施工管理的相关法规的要求组织施工,争创文明施工工地。

2)文明施工保证体系及措施

1、本工程项目经理对工程的文明施工负责,并设立以项目经理为主的文明施工网络、管理网络。

2、施工过程中严格遵循"两通三无五必须"的原则,并定期组织巡回检查,施工时采取措施尽量降低施工对周围的干扰与影响。本工程施工采用全封闭式施工护栏施工。

生活区与施工区应该分明,生活区整齐划一,室内外、食堂和宿舍干净整洁;施工区建材、机具设备堆放整齐,有条不紊。

3、生活区现场执行硬地化,在施工区力求保护施工现场的平坦,有利于施工现场物资和构件的驳运,也方便施工人员安全作业。

在承包区域内的通道,指派专职班组打扫,落实养护管理措施,保证道路处于平整、畅通、无坑塘积水等良好状况。

在施工中做好排水,严禁将施工排水排到道路上,在汛期或遇暴雨时,应积极配合做好防汛排水工作。

4、实行挂牌施工,接受群众监督,加强联系,以便工程顺利开展。

5、做好地下管线的保护工作,主动请有关单位到施工现场监护指导,对公用管线做到施工人员个个心中有数,并在有管线的地方竖立标牌,做好对新埋设的供水管、电缆管线的保护工作。

6、施工现场设专职文明施工员,加强文明施工管理。每旬举行一次活动,每季定期进行评比,做好记录,收集归档好音像等资料。

加强现场施工管理,每道工序做到现场落手清,加快施工进展,做到工完场清,不留尾巴。

7、施工现场的食堂卫生按有关卫生条例操作。食堂位置原则上应远离厕所、污水沟、垃圾等污染源20m以上,有合格的、可供食用的清洁水源和畅通的排水设施。夏季施工应有防暑降温措施。

8、施工现场办公室、工人宿舍应具备良好的防潮、通风、采光性能。

9、施工现场设置职工厕所,厕所有简易化粪池或集粪坑,并加盖、定期喷药。厕所内设置水源可供冲洗,落实专人每日负责清洁。工地设立专用的生活垃圾桶,并每日清运。

10、工地一切建筑材料和设施,设专门的堆放位置,不得堆放在围墙外,并须设置临时围栏。分类堆放整齐,散料要砌池围筑,杆料要立杆设栏,块料要起堆叠放,保证施工现场道路畅通、场容整洁。

11、工地卫生是体现一个施工单位的总体精神面貌,提高职工素养和确保工程优质、快速、顺利进展的必备条件。施工现场做好消除坑洼积水、消灭蚊蝇等工作。

3)环境保护措施

1、利用每周的安全学习后的时间,增加环保条例知识的宣传,提高全体员工的环保意识。

2、在施工期间加强环保意识,保持工地清洁,控制扬尘,杜绝土料、材料的漏撒。施工场地砂石化或一天内保持经常性洒水,最大限度地避免对周围环境的扬尘污染。

3、要加强对施工现场的管理,经常清理施工现场,做到材料堆放整齐、机械设备停放排列有次序,防止野蛮施工,做到文明施工,使整个施工现场文明整洁。

4、加强现场施工人员教育,施工过程中,必须与当地群众搞好关系,不准动用当地群众的一草一木,为完成本工程建设任务做出努力。

5、生产、生活区等产生的所有生活垃圾,集运至环保部门指定的地点堆放,不得随意倾倒。

4)健康保证措施

1、健康保证的组织措施

项目设一个具有一定医疗技术水平的医疗所,配备具有现场医疗工作经验和卫生防疫知识的专业医师,负责工地员工的现场医疗急救、医疗保健和卫生防疫,开展健康知识宣传,并加强与当地医疗保障部门的沟通。制定出严格的健康保证措施,强化管理,并负责在实际施工中落实劳动卫生保障措施。

2、健康保证措施

(1)定期或不定期的体格检查;(2)制定健康教育计划或手册;(3)严格劳动保护工作;(4)做好食品安全卫生管理;(5)有针对性地进行卫生防疫等。

5)施工期间防汛措施

1、项目部设防汛领导小组,全面负责防汛工作。

2、配备草袋、水泵、电筒、铁锹等各种防汛器材,由专人管理。

3、夜间派人值班,注意收听天气预报,遇有暴雨天气时,加强值班,做好应急措施。

4、经常检查明沟和原有排水管道并疏通,确保汛期施工排水沿边居民的排水畅通。

九、项目部组织架构设置

(一)组织架构设置

项目部下设四部一室:工程部、计划合同部、财务部、设备物资部、综合办公室,工程部下设试验室和测量班。

考虑一个后勤保障队,一个桩基队,两个桥梁施工队。一个桥梁队负责悬灌梁及墩、承台的施工;另一桥梁队负责现浇梁及墩、承台的施工。施工人员考虑招聘有桥梁施工经验的合同工,并招聘一部分当地人配合,自己管理人员、带队伍施工。国内人员根据施工安排,陆续上场,具体人员上场时间见工期计划。

路基及路面分包给当地的公司施工。

(二)项目负责人及各部门管理职责

项目负责人及各部门的管理职责见表9。37

各部门管理职责表 表9

部门名称	人数	主要职责
项目经理	1	全面负责施工组织管理,保证质量、工期等目标实现
项目副经理、总工程师	4	一个副经理负责现场施工安排;一个副经理负责对外联系及物资保障;一个副经理负责营地管理及生活保障;总工负责施工技术,制定施工方案,攻克技术难关
工程部	3	负责施工技术指导、交底、监督、检查和工程试验与测量及环保
计划合同部	2	负责合同管理、制定阶段施工计划与工程计量
财务部	1	负责工程财务管理与成本核算
设备物资部	2	负责施工机械设备管理与材料物资供应及清关
综合办公室	2	负责文秘宣传、对外接待、医疗、生活保障及翻译等工作
合计	15	

浅析风险管理在某项目中的实践

◆ 袁 晓

(上海现代工程咨询有限公司，上海 200041)

一、概述

风险这一概念已经日益深入我们的日常生活，这从保险业的蓬勃发展即可窥见一斑。建设领域作为高风险行业，风险更是成为投资方、设计施工单位、监理公司等所有参与方在整个项目建设过程中使用频率相当高的一个词汇。在日常工程管理中我们不难发现，现今的设计、施工、监理等合同文本已越来越厚，各种管理制度和标准也越来越详细，这也是各方为了规避和管理风险所采取的措施。但我们同时发现，这些非系统性的、独立进行的风险管理，其效果更多的是集中在施工安全方面，而如何规避和管理潜伏在投资、进度和质量等目标中的风险，却手段十分有限并且效果也不理想。

笔者积数个基建工程中进行项目管理的经验认为：作为项目管理公司(以下简称 PM)，在代表建设方对整个建设过程进行管理中，经常会遇到各种风险。为了能如期达到合同承诺的投资、进度、质量和安全目标，最大限度地为投资方创造管理价值，在综合目前各种理念和方法的基础上，建立系统化的风险管理体系，运用恰当的管理工具及手段，来规避、降低和转移风险，这是项目管理团队必须面对的课题。

二、风险管理理论简介

1.风险管理的定义

根据 PMBOK 的定义，风险是"能够对一个或多个项目目标(例如进度、投资、范围或质量)产生负面影响的不确定事件或环境"(PMBOK,2004)。因此，风险管理要求能够识别出这些不确定事件或环境，分析其对项目目标产生的影响，并制定出应对措施，消除、降低或转移风险。由于项目的建设环境不断在发生变化，因此要求项目管理团队从项目启动起，即要按照计划-识别-分析-监控-应对-调整这一循环，不断地进行跟踪和调整，并贯穿于整个项目建设周期。此外，为应对部分不可预见的风险，项目管理团队还需制定应急处理措施，从而最大限度地做到使风险处于可控范围。

2.风险管理流程

PMBOK 中阐述的典型风险管理流程见图 1(PMBOK,2004)。

3.风险管理实施建议

更多的风险管理理论知识在本文中不再赘述，因为 PMBOK 以及其他一些参考资料中都有详细的阐述。PM 中的一些流程、图表、管理工具，也可根据项目的性质和建设环境的不同而灵活应用。但无论是简是繁，根据笔者的经验，风险管理理论中核心的计划-识别-分析-监控-应对-调整这一理念，在任何操作环境下都值得引起重视，而且在整个流程中，项目经理都必须是风险管理的发起人和推动者。

三、风险管理在某项目中的应用

虽然目前风险防范的观念已经在建设行业内得到增强，但由于系统的风险管理流程比较烦琐，在实施中也不能企求其立即体现出经济效益，同时还要占用一定的时间和精力，因此有一些项目执行者对此还不够重视。但也应看到，这种状况现正日趋好转。在笔者参与的某项目中，由于业主的支持以及项目经理的推动，对风险管理进行了一次系统性的实践。当然，主要理念仍是沿用了 PMBOK 的核心流程。

1.风险管理规划

一个完善的管理规划，对指导后期的实施具有举足轻重的作用。因为这不仅是一个调查和掌握所有项目信息的过程，同时也是制定管理制度和明确

案例分析

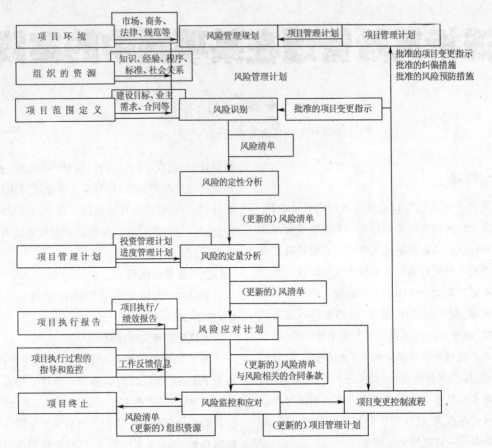

图1 典型风险管理流程

采用Delphi法进行的利益相关者分析　　表1

名称	对项目的影响统计均值	对项目的影响统计方差	评估结果1	评估结果2	评估结果3	评估结果4	评估结果5
原设计者	9.00	0.00	9	9	9	9	9
业主领导层	7.75	1.04	7	9	9	7	7
项目经理	7.50	2.07	7	9	9	7	9
规划	7.50	2.07	7	9	9	7	9
旅游集团	7.25	1.28	7	7	9	5	9
建筑方案设计	7.25	1.98	7	9	9	5	7
室内设计	7.25	1.98	7	9	9	5	9
扩初、施工图设计	7.00	1.51	7	9	9	5	7
总包	7.00	2.39	5	9	9	5	9
消防	6.75	1.67	5	9	7	5	7
质监	6.75	1.67	5	9	7	5	7
园林景观设计	6.50	1.41	7	7	9	7	5
邻居	6.50	1.41	7	7	7	7	7
现代咨询	6.25	2.12	7	5	9	5	9
建委	6.25	1.83	3	7	7	5	7
……	……	……					

人员职责的过程。这将使项目经理在实施管理时,可以具备足够的信息作为"子弹",并且能建立起职责明确的管理架构和流程作为"武器"。

PM在此阶段应组织项目团队和投资方共同考虑以下内容:

a)项目建设环境调查和分析;
b)利益相关者及其影响分析(表1);
c)管理制度、管理流程和人员职责的配置。

2.风险识别

PM应在项目进行过程的各个重要节点,及时召开风险识别会议。这个会议需要PM面向所有参与项目实施的单位,如涉及投资方的商业机密,可先召开分组会议。要在综合各方的经验和对项目情况的判断,以及PM本身在之前类似项目中所吸取到的经验教训的前提下,收集意见后与投资方高层进行讨论审核,形成最后的风险清单。PM应将风险清单具体落实到管理团队各相关责任人,检查一些重要的风险源,如WBS、成本(进度)预估、人员计划、采购管理等(表2)。

3.风险分析

风险分析包括定性分析和定量分析。风险的定性分析在建设项目中使用较为频繁。很多情况下是根据相关人员的个人经验和对现场情况的判断做出的。但在有条件的情况下,PM仍应采用一些管理工具并邀请项目各方参与,使分析更加准确和系统。因

风险识别表　　表2

编号	分类	事项
1	进度	对方设计进展缓慢
2	进度	设计发包影响进度
3	进度	七个月拆、安装和装修时间是不够
4	进度	11月停业却不能开工
5	商务/投资	融资影响进度
6	投资	投资突破7.2亿元
7	法律/程序/政策	政府部门否决方案(指标不符)
8	范围	各设计方的工作界面不清
9	进度/投资	周围市政资源不够(电容量不够)
10	沟通	与原设计师的沟通不畅
11	技术	南广场地下车库建造不可行
12	技术	地下室作为设备用房层高不够
13	……	……

为在操作中,我们往往会遇到由于某一风险事件导致的次生风险或风险的叠加。此时如仅仅凭借个人的判断,则难以正确把握一个全局的观念,从而有可能会丧失对整体的控制。在本项目中,我们采用了最常用的"风险可能性—影响度分析"。如表3所示。

通过定性的分析,项目经理已经可以对表3中的那些将对项目目标产生重大影响的风险予以系统地把握。此外,在定性分析中,也可以根据参与方不同的经验,对风险影响进行初步的定量估算。例如进度将延期多少,费用将在多大范围内受影响等。根据

采用Delphi法进行的可能性—影响分析　　表3

编号	分类	事项	可能性 P	影响 I	影响度 $P \cdot I$
1	进度	对方设计进展缓慢	100%	4	4
2	进度	设计发包影响进度	100%	2	2
3	进度	七个月拆、安装、装修时间是不够	90%	4	3.6
4	进度	11月停业却不能开工	90%	4	3.6
5	商务/投资	融资影响进度	10%	5	0.5
6	投资	投资突破7.2亿元	220%	1	0.2
7	法律/程序/政策	政府部门否决方案(指标不符)	10%	5	0.5
8	范围	各设计方的工作界面不清	40%	3	1.2
9	进度/投资	周围市政资源不够(电容量不够)	50%	4	2
10	沟通	与原设计师的沟通不畅	70%	5	3.5
11	技术	南广场地下车库建造不可行	50%	2	1
12	技术	地下室作为设备用房层高不够	50%		3
13	……	……	……	……	

这些结果,PM就可以在下阶段通过各种管理手段,安排专人进行监控和应对。

风险的定量分析是一种精确性的数据分析。由于需要搜集大量的基础数据并且建立数学分析模型,因此在日常的设计、施工管理中很少使用。但在项目的可行性研究阶段,在确定投资回收期、净现值等影响项目是否继续实施的风险时,运用敏感性分析及定量的风险分析工具,则是必不可少的,这将有助于投资方和PM确定哪些是可能导致项目失败的主要风险。

4.风险监控和应对

通过风险识别我们不难发现,每个建设项目中的风险,数量可能数以百计。而PM不可能有精力去对每一个风险都进行监控,况且在实际操作中,众多的小风险也完全可以由各项目参与方分担或自然消除。因此,PM需要监控的是在定性和定量分析后所得出的、将对项目目标产生重大影响的风险。根据国外建设工程的经验,项目经理在各阶段所能同时关注的重大风险应控制在10个以内,太多反而容易分散注意力。在本项目中,我们也分阶段列出了PM需重点关注的10大风险,并针对每个风险制定了相应的管理手册(例如HSE手册)或预案(表4)。

风险应对预案　　　　　　　　　　表4

风险应对表					
风险名称	对方设计进度缓慢	编号	1	负责人	***
可能性P	100%	影响I	4	影响度P·I	4
风险后果描述					
■ 进度 ■ 质量 ■ 投资 ……	设计图纸出图拖延,图纸修改周期太长,延误工期没有足够时间互校互审,各工种图纸可能对不上,施工期间造成不必要的返工和大量变更 1.由于图纸进度和质量的原因造成返工,使工期延误和成本上升,设计与施工单位的修改与返工费用增加				
风险触发事件描述					
1.设计修改及变更 2.部分功能要求、设备选型等不明确 3.沟通不畅					
风险应对措施描述					
1.明确要求境外设计单位进行现场设计 2.合同中明确后期配合或设计修改的工作周期 3.严格控制设计费的支付进度 ……					

风险应对的方法,最常用的依次为避免、转移、降低和接受。由于每个项目都有自身的独特性,因此应对的措施也都不一样。笔者通过操作得出的经验是,PM在风险管理中,应将风险由承受能力最强的单位来应对。PM或投资方在选择每个项目参建单位时,都需要考虑其在风险管理体系中的作用,力求做到当风险即使无法避免、转移和降低时,损失也能降至最低。PM则是对这些风险以及风险承受单位进行监控和管理,而实际上投资方聘请PM就是一种风险应对的方式。

5.风险管理规划调整

PM应定期根据现场的管理情况对风险管理规划进行调整。同时要根据风险事件产生的影响,对WBS、进度表、投资控制计划等作适当调整。

6.风险与机会

在中国的语言中,危机这个词从字面上就可以理解为危险和机会是并存的。PMBOK对风险的定义中,也明确了风险可能造成负面或正面的影响。因此,PM在进行管理时,每当遇到重大的风险事件,有必要进行逆向思维,从中找出机会,从而增加管理附加值。例如本项目中,因为境外设计单位设计的地下室布局不合理,设置了大量机械车位,对酒店运营和客人舒适度将会造成很大的影响。PM果断提出,将该部分设计转交境内配合单位主持。最终仅挖深1.5m、增加了一层地下室后,即避免了酒店运营和舒适度方面的风险。虽然投资有所增加,并有可能增加施工风险,但由于增加了数千平方米可供使用的面积,增加了潜在的经济效益,故业主对该解决方案非常满意。

四、结论

风险管理的系统应用,最明显的效果是,项目经理在整个管理过程中能更好地做到有的放矢,投资方在作决策时也更科学并有据可查,不再是盲目的"拍脑袋"。这不仅增加了计划的可执行度和工作效率,并且使投资、进度等目标的可控性大大增加。在本项目的实施中,正是这些有形和无形的管理价值,使PM和业主方在紧张的建设期,能始终坚持投入更多的精力,持续进行风险管理的更新。

国家体育场大型钢结构施工组织管理经验浅谈

◆ 冯红涛

(中信建设国华国际工程承包公司国家体育场项目部，北京 100731)

摘　要：本文结合国家体育场大型钢结构施工组织管理，简要阐述了国家体育场组织机构体系、焊工、机械设备管理、构件工厂加工及运输管理、信息化管理、现场施工场地管理及构件拼装管理、现场安装管理、钢结构合拢及卸载组织管理、安全管理以及管理中的经验和不足之处，为国内大型钢结构施工提供借鉴。

关键词：大型钢结构，拼装及安装，合拢及卸载，组织管理，经验

一、工程概况

国家体育场位于北京市城府路南侧，奥林匹克公园中心区内，是北京 2008 年奥运会的主体育场。建筑顶面呈鞍形，长轴为 332.3m，短轴为 297.3m，最高点高度为 68.5m，最低点高度为 40.1m。屋盖中间开洞长度为 185.3m，宽度为 127.5m。

主桁架围绕屋盖中间的开口放射型布置，与屋面及立面的次结构一起形成了"鸟巢"的特殊建筑造型。大跨度屋盖支撑在周边的 24 根桁架柱之上，主桁架尽可能直通或接近直通，并在中部形成由分段直线构成的内环。在屋盖上弦采用膜结构作为屋面围护结构，屋盖下弦采用声学吊顶。主场看台部分采用钢筋混凝土框架—剪力墙结构体系，与大跨度钢结构完全脱开(图1)。

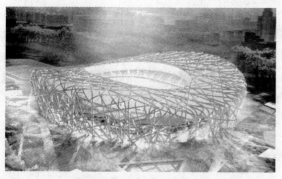

图1　国家体育场效果图

屋盖主结构的杆件均为箱形构件,其中,主桁架断面高度为12m,上弦杆截面为1 200mm×1 200mm~1 000mm×1 000mm,下弦杆截面为1 000mm×1 200mm~800mm×800mm,腹杆截面基本为600mm×600mm,上下弦杆与斜腹杆交错。桁架柱为三角形格构柱,每根格构柱由两根1 200mm×1 200mm箱形外柱和一根1 200mm×1 200mm菱形内柱组成,腹杆截面为1 000mm×1 200mm。桁架柱上端大、下端小,上端与主桁架相连,下端埋入钢筋混凝土承台内,并将屋盖荷载传至基础。

本工程为全焊接结构,设计用钢量约48 000t,所使用的材料种类包括Gs20Mn5V铸钢、Q345C、Q345D、Q345GJD及Q460E-Z35等高强钢,其中Q460E-Z35为国内建筑钢结构工程首次采用。主结构钢板厚度从10~110mm不等,在主受力结构中大量采用Q345GJD及Q460E-Z35材质的厚板,最厚的钢板达到110mm。

二、工程特点、难点

国家体育场作为北京的标志性建筑、2008年奥运会主会场,其特点十分显著,具体如下:

1.构件体形大、单体重量重

作为屋盖结构的主要承重构件,桁架柱最大断面达25m×20m,吊装单元最重达360多t,吊装高度达67m。而主桁架高度12m,双榀贯通最大跨度145.577m+112.788m,不贯通桁架最大跨度102.391m,主桁架体形大、吊装单元最重262t,构件最长约43m。

2.构件翻身、吊装难度大

由于构件体形较大、重量重,翻身时吊点的设置和吊耳的选择难度较大,特别是桁架柱的翻身,吊耳在翻身和吊装时的受力有所变化,需考虑三向受力。起吊时对于体形大、重量重的构件,角度调节相当困难,吊装难度大。

3.节点复杂

由于本工程中的构件均为箱形断面杆件,所以,无论是主结构之间,还是主次结构之间,都存在多根杆件空间交会现象。加之次结构复杂多变、规律性少,造成主结构的节点构造相当复杂,节点类型多样,制作、安装精度要求高。

4.焊接量大、焊接难度大

本工程工地连接为焊接吊装的分段多,现场焊缝长度达三万余米,现场焊接工作量相当大。本工程焊接既有薄板焊接,又有厚板焊接;既有平焊、立焊,又有仰焊;既有高强钢的焊接,又有铸钢件的焊接。薄板焊接变形大,厚板焊接熔敷量大,温度控制和劳动强度要求高。而高空焊接、冬雨期焊接的防风雨、防低温措施更使得焊接难度增大。

5.安装精度控制难

由于施工过程中结构本身因自重和温度变化均会产生变形,而且支撑塔架在荷载作用下也会产生变形,加之,结构形体复杂,均为箱形断面构件,位置和方向性均极强,安装精度受现场环境、温度变化等多方面的影响,安装精度极难控制,施工难度大。

6.高空构件的稳定难度大

由于本工程采用散装法(即分段吊装法),分段吊装时,高空构件的风载较大,在分段未连成整体或结构未形成整体之前,稳定性较差,特别是桁架柱的上段和分段主桁架的稳定性较差,必须采用合理的吊装顺序(尽量首尾相接、分块吊装)和侧向稳定措施(如拉锚、缆风绳等)。

7.工期紧

国家体育场工程的工期以钢结构施工为主线,其施工的进度直接影响体育场看台、基座、膜结构、机电、装饰等各专业施工,加之后门工期关死,钢结构工程施工工期必须保障,在13个月内完成这样一项庞大的钢结构工程施工,施工工期非常紧迫。

8.组织协调难度大

国家体育场钢结构详图设计由一个详图专业设计单位和两家加工单位分别负责,由三家加工单位进行构件加工制作,各加工单位在现场组织构件单元拼装工作,构件吊装由两家单位进行,施工组织涉及的单位和相关方众多,给施工组织协调工作造成了极大的难度。

三、钢结构重要施工节点(图2、图3)

2005年10月28日首根桁架柱C1下柱由800t吊车吊装就位。

图2 桁架柱翻身

图3 桁架柱上柱吊装就位

2006年2月22日，首榀顶面N5主桁架由600t吊机吊装就位。

2006年5月17日，24根桁架柱吊装完毕。

2006年6月29日，182榀主桁架安装完毕。

2006年7月16日，24跨顶面和肩部次结构安装完毕。

2006年8月20日至8月30日钢结构分两次合拢完毕。

2006年9月14日，钢结构开始卸载，至9月17日最后一步钢结构卸载就位，历时11个月的国家体育场钢结构工程主体工程全部吊装及卸载完毕。

2006年11月30日，顶面和肩部次结构吊装完毕，标志着国家体育场钢结构吊装全部完成。

四、组织机构体系

国家体育场钢结构由总承包北京城建集团和A区承包商中信建设国华公司各承建一半，为便于管理和沟通、整合技术资源、提高效率，从北京城建集团和中信建设国华公司抽调技术和管理人员成立城建国华钢结构分部，共18人，下设五部一室，即：技术部、工程部、质量部、设计协调部、商务部和办公室，并组成9人的专家顾问组。组织机构图如图4。

实践证明，成立城建国华钢结构分部以来，北京城建集团和中信建设国华公司均节省大量的人力资源，按原来传统模式两公司各需要一套管理班子，通过联合办公后，只需要一套管理班子。另外，还可以提高工作效率，按以往的模式，各种技术方案通过A区承包商向总承包商申报，总承包审核后报监理审批，周期较长，通过联合办公，技术人员共同编制技术方案，内部讨论通过后，如重要方案找专家进行论证，内部讨论或专家论证完成后报监理审批。

五、焊工、机械设备管理

国家体育场4.8万t钢结构采用全焊接方式连接，焊缝总长度达三万余米，焊工人数达911人，焊工的水平和素质直接影响焊接质量。

在解决焊接工艺问题的同时，我们制定了细致的焊工管理办法，保证焊接过程中人的因素影响。

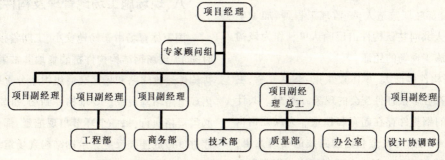

图4 国家体育场城建国华钢结构分部组织机构图

城建国华钢结构分部与冶金建筑工程焊接考试委员会合作，对参与国家体育场工程的焊工进行全面地考试和强化培训。规定所有参与国家体育场钢结构工程焊接的工人，必须至少持有冶金、化工、电力、造船、压力容器五种焊工证之一，经过冶金焊考委的验证考试，取得由冶金焊考委和城建国华钢结构分部联合颁发的国家体育场钢结构焊工上岗证，方具备参与国家体育场钢结构焊接操作的基本资格，对于现场拼装非加工单位自有的及安装单位进行仰焊、立焊及Q460E钢焊接的焊工，还需在冶金焊考委组织下进行强化培训，取得强化培训合格证书方可进行相应项目的焊接操作。

为了加强大型履带吊车的作业安全，对大型吊车进场组装、调试、报验等环节请北京市特种设备检测中心进行全面检查验收，参检人员验收合格签字后，方可投入使用。钢结构共使用大型吊装机械18台，其中800t履带吊2台、600t 2台、500t 1台、200t至45t的11台，50t龙门吊2台。

坚持定期保养制度，虽然吊装工期紧张，坚持做到再忙也要停止作业、维修保养。

六、构件工厂加工及运输管理

国家体育场钢结构钢构件分别在江苏宜兴沪宁钢机、上海江南重工、浙江绍兴浙江精工三地加工，钢结构分部在各加工厂均派驻了驻厂监造人员，对构件加工过程实施全过程管理。重点在原材复试、切割下料、零部件组装、焊接、涂装和出厂确认等几个方面加强对构件加工过程质量进行控制，通过对生产过程的全面监控，及时将质量问题消灭在源头，保证了钢结构安装质量。对于出场构件，经驻厂监造人员、监理工程师共同检查确认合格后方可交运至现场，钢结构分部驻厂监造人员、监理工程师、加工单位质量负责人共同签认构件出厂确认单，作为该构件可以进入施工现场的凭证。

本工程构件体形大、单体重量重、节点复杂，主次结构间都存在多根杆件交会的现象（图5）。共计7 300t左右的钢构件存在超宽和超重。为保证钢构件运输过程中的绝对安全和运输路线的畅通无阻，使国家体育场钢结构工程进度顺利实施，经北京市"2008"工程指挥部办公室协调公安部交通管理局和交通部交通运输司等有关部门，召集沿途八省市公安交管部门开专题会，成立了国家体育场构件运输协调管理小组，编制专项运输方案，办理公安部交通管理局发放的《超大件通行证明》和交通部交通运输司发放的《货物超限通行证》(有效期为整个钢结构工程工期内)，指定构件行车路线。

图5 复杂的构件节点

七、信息化管理

根据本工程管理组织的特点，城建国华钢结构分部建立了一套基于互联网的信息化平台，各参施单位及城建国华钢结构分部管理人员无论在什么地方，都可以通过互联网与钢结构分部取得联系，方便了信息的沟通，尤其对于大量的构件信息实现了共享。

同时，为满足钢结构现场施工的监控需要，城建国华钢结构分部还在四个钢结构桁架柱及内环南北两个桁架顶安装了无线视频监控摄像机，满足了总包、钢结构分部及有关单位对于现场视频监控的需要。

八、现场施工场地管理及构件拼装管理

国家体育场由于场地狭小、工期紧张、多专业同时施工，现场钢结构构件拼装场地非常紧凑，合理安排构件运输线路和场区交通组织十分重要，以避免出现道路堵塞现象。要求构件到场、拼装、安装计划必须严格执行，每一个环节出现拖延，都会对后续工序进度造成连锁反应，给钢结构现场组织管理带来严峻挑战。为此，我们规划了不同施工时期的施工现

场管理平面布置图,在钢结构施工阶段,我们对拼装、安装场地进行了详细的划分,制定了场地使用规则,使钢结构施工期间场地做到忙而不乱。

虽然采取了场地划分使用规定的措施,但由于构件拼装数量多、拼装周期长,拼装进度仍不能满足安装进度要求。这样,我们在主桁架拼装场地采取了"向空间"发展的办法,即两榀主桁架"叠拼"的方法。具体措施是:一榀主桁架胎架搭设好后错开一定平面位置和高度,再搭设另一榀主桁架胎架,上面的主桁架与下面主桁架吊装顺序要相邻,且必须上面主桁架先吊装。采取主桁架"叠拼"的方法后,为国家体育场钢结构合拢、卸载及按期安装完毕立下了汗马功劳(图6)。

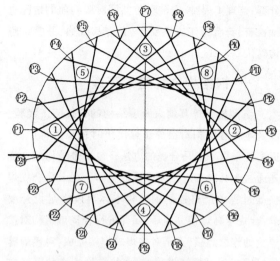

图7 主结构安装顺序

每个安装单位各选用1台800t履带吊和1台600t履带吊进行主结构的安装。其中,800t履带吊布置在外环,负责桁架柱、外圈主桁架及部分中圈主桁架的安装,600t履带吊布置在内环,负责内圈及部分中圈主桁架的安装。

国家体育场由于构件加工、构件运输等多种因素制约拼装进度,安装顺序又根据构件的搭接关系和拼装顺序决定,有时内圈某榀桁架安装完后才能安装外圈相邻的几榀桁架,但由于内圈这榀桁架因构件工厂加工迟缓或构件运输影响拼装进度,如果等内圈这榀桁架拼装完后再安装外圈相邻桁架,内外圈的600t、800t吊车都要停滞等几天,将会造成较大的工期损失和经济损失。遇到这种情况后,我们立即采取措施改变安装顺序,即在外圈主桁架上增加牛腿(将相邻的内圈主桁架根据受力计算减短一节移到相邻外圈主桁架拼装),能够稳固安装在支撑塔架的支点上,然后再安装内圈主桁架,这样内、外圈的大型吊车均盘活了。

图6 主桁架"叠拼"

九、现场安装管理

主结构的安装顺序遵循对称同步、尽早形成安装区域局部稳定的原则。总体上分为三个阶段八个区域,第一阶段安装1、2区域;第二阶段安装3、4区域;第三阶段安装5、6、7、8区域。其中1、3、5、8区域由上海宝冶负责安装,2、4、6、7区域由城建精工负责安装(图7)。

次结构的安装顺序对整体钢结构的安装具有重要的影响,为了加强在每个安装阶段及支撑塔架卸载过程中的整体侧向稳定性,确定在支撑塔架卸载前随每个阶段钢组合柱的安装进行立面次结构的安装。

根据设计要求,顶面及肩部次结构在主结构卸载完成后进行安装。

在大型构件安装时,制定了起吊确认和脱钩确认的规定,即:

起吊确认:对于拼装单位移交的拼装单元,在起吊前,由城建国华钢结构分部、监理工程师、安装单位对于起吊条件进行检查,确认无误后会签起吊确认单,进行安装作业。

脱钩确认:安装单位完成规定的对接口焊接高度、采取必要的临时固定措施后,由城建国华钢结构分部、监理工程师、安装单位共同对脱钩前的情况进行检查,符合施工方案要求,允许其脱钩,并签认脱钩确认单。

十、钢结构合拢组织管理

参照桥梁等其他大跨度结构的合拢施工经验,以及本工程结构对接焊缝焊接历时较长的特点,合拢实施采取了卡马合拢的方法。也即是结构的合拢先通过卡马同步焊接完成形成整体,在卡马合拢焊接的过程中严格控制钢结构本体温度满足设计要求;合拢卡马焊接完成后,随即进行合拢口结构对接焊缝的连续焊接,直至对接焊缝焊接完成;对接焊缝焊接完成后对焊缝进行100%的自检探伤和第三方探伤。

为确保合拢工作的有序和顺利进行,确保合拢质量,合拢前成立专门工作小组,全面负责合拢前后的组织管理工作,包括技术研究和管理、施工组织和管理、质量验收和管理及安全管理。同时,为便于施工组织和管理,建立严格的合拢组织管理体系,明确每位人员的岗位职责,各项准备工作和合拢过程中的管理要责任到人,专人专职。

1.人员准备

总指挥1名、副总指挥2名、指挥4名、温度监测人员4名、变形监测人员4名、质量监视人员2名、焊接巡视人员4名、安全巡视人员4名、记录员2人、操作人员260人、后勤(机动)人员60人,合拢之前,对上述所有人员进行交底、培训。

2.组织管理体系

合拢时,为保证指令传递迅速、准确无误,建立以总指挥为核心、以作业层为指令对象的组织管理体系,合拢指令由总指挥下达给分区副总指挥,然后由副总指挥通过对讲机传递到指挥,再由指挥通过口令形式下达到作业班组。作业班组的信息则通过指挥、副总指挥传递到总指挥。在此组织体系中,副总指挥、温度和变形监测、质量监视、安全和焊接巡视、记录等人员要对合拢全过程进行跟踪和协调,如发现问题,应将信息传递给作业班组,并反馈给总指挥。遇到紧急情况,应对作业班组下达紧急指令。具体见图8。

3.合拢准备工作

(1)合拢前,将设计要求的所有构件安装、焊接完毕。

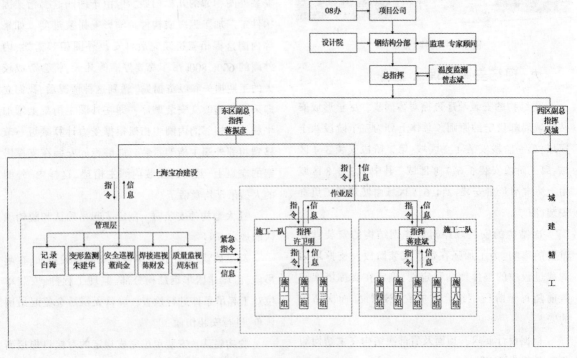

图8 合拢组织管理网络图

(2)合拢前,要进行全方位的质量检查,主要是焊缝质量,防止漏焊现象和焊缝质量不过关的部位。

(3)合拢前要进行连续的温度监测,根据温度监测结果,会同设计院确定合拢温度的测量基准点。

(4)合拢前,要对合拢口进行连续观测,测得实际的温度变形情况和合拢口间隙大小,并根据温度变形情况和合拢口间隙大小,结合最终确定的合拢温度采取相应措施,确保合拢时合拢口的间隙符合焊接要求,尽量减少合拢时的焊接量和焊接应力。

(5)合拢前,需将安装过程中增设的临时加固撑杆割除掉,解除结构的内部临时支撑和外部约束。

4.合拢顺序

因合拢口数量众多,如一次合拢,则需投入大量的人力和物力,且施工组织管理也相当困难,根据现场实际情况,本工程的合拢按合拢线依次进行合拢。具体原则如下:

先进行主桁架的合拢,再进行立面结构的合拢,主桁架合拢时,先进行两大施工区域内部合拢线的合拢,再进行两大施工分区间合拢线的合拢,同一合拢线的各合拢口同时、同步合拢。

5.合拢口焊接

为防止合拢时因温度变化而产生过大的温度变形和温度应力,选择气温相对稳定的情况下进行合拢,即合拢安排在夜间进行,但前提是满足设计要求的合拢温度为14±4℃(图9、图10)。

十一、钢结构卸载组织管理

参照相关工程实践经验,通过大量的计算分析比对,考虑了不同的卸载方式和卸载量控制,在"分阶段整体分级同步"的卸载原则下,按照位移等比同步控制为主、卸载反力控制为辅,卸载方案最终确定为由外向内的卸载总顺序,并且在外、中、内三圈支撑塔架各圈卸载过程中保持同步,三圈支撑每次卸载的位移同各点的最终总位移保持等比关系,逐步实现支撑塔架受力向结构受力的转移。

1.组织机构

卸载时,为保证指令传递、信息反馈迅速、准确无误,建立以总指挥为核心、以作业层为指令对象的组织机构。根据本工程的具体情况,卸载组织机构分三大层面:指挥决策层;信息处理层;监测、操作管理及实施层,具体见图11。

2.机具准备

根据卸载分析计算的结果,单点卸载作用力基本在200t左右,因此卸载工具主要是采用100t级以上的液压千斤顶,为满足78个卸载点的同步和监测要求,选用计算机同步控制系统。

3.人员准备

根据卸载支撑塔架数量,共78个卸载点,划分

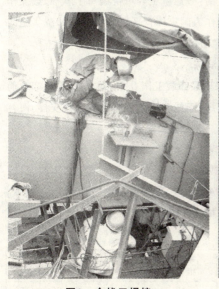

图9 合拢口焊接

图10 夜间合拢焊接场面

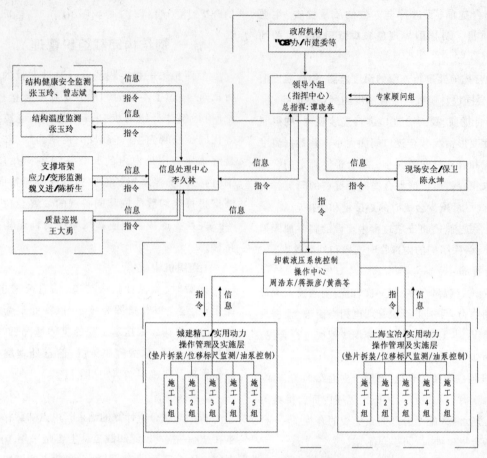

图11 卸载组织机构及指令、信息传递图

为十个区域。每个区域配一个控制器,每个卸载点配备2台千斤顶,内圈每个卸载点配备一台油泵,外圈和中圈每个油泵控制2个卸载点;每个区域控制器由1人监控,每个油泵由1人操控,每个卸载点安排两名工人(1名铆工和1名气焊工),具体人员安排见表1。

4. 卸载手册编制

支撑塔架的卸载是钢结构施工的关键环节,卸载实施的成败直接关系到整体钢结构的安全和成败。为此,在已经通过专家论证及监理单位审批通过的《国家体育场钢结构工程支撑塔架卸载(细化)方案》的基础上,为了保证卸载方案的有效实施,明确各部门职责及分工、卸载操作程序、卸载监测程序,

建立反应迅速、准确有效的卸载指挥系统和实施系统,确保卸载实施的顺利进行,城建国华钢结构分部组织上海宝冶、城建精工等单位编写了本《卸载操作程序手册》,作为国家体育场钢结构工程卸载实施的操作指导性文件。

5. 卸载演练

为确保正式卸载工作万无一失,在正式卸载前组织卸载演练,卸载演练时按照正式卸载安排,内容如下:

(1)空载联调运行;

(2)负载联调运行,将整个屋盖全部顶起,保证78个支撑点垫片处构件下表面离开垫片2mm以下,达到可拆装垫片的状态,但绝对保证支撑点不拆卸。

具体人员安排表 表1

管理	指挥、信息处理、专家	监测人员	铆工(含气焊工)	油泵操作员	区域控制器指导员	中央控制器操作员	保安	合计
95	23	26	156	54(其中30人与铆工共用)	10	2	20	356

6.卸载过程监测和数据处理

卸载指令直接由总指挥通过口令形式传递到卸载系统控制操作中心指挥，再由操作中心指挥通过对讲机下达到液压卸载系统区域控制器和作业班组。液压系统区域控制器和作业班组的信息则通过操作指挥传递到信息处理中心，同时结构健康安全监视、温度监测、支撑变形及应力监测、质量安全检查、记录等人员要对卸载全过程跟踪和协调，及时将信息数据传递到信息处理中心，信息处理中心对信息数据进行分析后，向总指挥提供决策依据。

7.卸载操作

整个卸载过程共分七大步、三十五小步。卸载时，第一、二、三大步卸载步骤为：先外圈卸载10%、中圈5%、内圈5%，再中圈5%、内圈5%；前三大步完成后外、中、内三圈各卸载总位移量的30%。第四、五、六、七大步卸载步骤为：每大步先外圈卸载剩余位移量的1/4、中圈1/8、内圈1/8，再中圈1/8、内圈1/8；后四大步完成后外、中、内三圈各卸载总位移量的70%。最终支撑脱离顺序为外、中、内。

由于卸载支撑点的卸载位移不仅有垂直方向，同时存在水平方向的位移，卸载时采用千斤顶和垫块支撑交替作用来减小千斤顶承受的水平力(图12、图13)。

十二、安全管理

"安全、质量、工期、功能、成本"是奥运工程五统一，安全始终放在第一位，有人这样形容：奥运工程安全看"鸟巢"，"鸟巢"工程安全看钢结构。

国家体育场钢结构采用分段高空散装的安装方法。结合体育场钢结构的结构形式，钢结构分段较为复杂，每个分段单元体积庞大、组成杆件众多，在施工过程中安全防护问题尤为突出。主要有以下显著特点：悬空作业、多专业交叉作业、安全隐患多、危险性大；操作面广，安全通道设置复杂，难度大；构件形状多变，节点复杂，操作部位的安全防护措施难度大。

安全防护主要从安全管理和安全技术措施两方面来实施，安全管理工作在大多数工程中都大体相同，管理工作的深度在于管理人员和被管理人员对安全的认识程度，只要做到制度完善、培训彻底、检查全面，安全管理就应该达到预期的效果。城建国华钢结构分部和钢结构各参施单位签订了安全责任书，每一项工序对实施工人进行安全技术交底，每天班前十分钟的安全教育和每晚半小时在民工夜校安全培训是雷打不动的，大型吊机拼装好启用前要请专业检测机构对安全吊机安全性能"会诊"。每一构件安装，从项目经理、总工程师、工程部门、安全部门、施工队、吊车司机都要按职责范围检查后履行"吊装确认单"的签字手续后才可以起吊。

钢结构安全技术措施在一般工程中主要以安全网、挂篮、安全带的使用为主，而本工程由于其

图12 卸载油泵操作

图13 卸载千斤顶操作

自身的特殊结构形式,在安全技术措施设计时要求较为复杂,如:由于吊装构件本身形式多样,其操作平台的设计形式较多,有脚手架、挂架、挂篮等,而且同一种形式的操作平台其尺寸、形状也不一样;施工通道在本工程中也比较特殊,根据在不同的施工部位就需要设计不同的通道,有水平通道、垂直通道、斜通道、折叠马道等;一般工程中安全网按施工部位流水挂设,而本工程安全网属于满挂安全网,这样可以为通道的行走人员提供一层保护;在钢结构工程中安全带被比喻成工人的最后一道生命线,因此安全带的使用在钢结构施工中尤为突出。

十三、管理经验及不足之处

国家体育场4.8万t钢结构从加工到安装完成历时近13个月,在施工组织管理上取得了比较宝贵的经验,也有些不足之处。希望能为今后大型钢结构提供借鉴。

1.桁架柱、主桁架、顶面及肩部次结构拼装、安装顺序及周期是否合理,对整个工期及吊车利用率起着关键作用,国家体育场钢结构施工组织方案经过专家多次论证,其施工顺序和周期比较合理,吊车闲置率非常低。比如800t吊车在吊装300t左右的主桁架柱时(分上、下柱),吊车上午就位、桁架柱脱胎、翻身、天黑前吊装就位,晚上焊工通宵焊接,次日早上就可以脱钩了。600t吊车在后期吊装肩部弯扭构件和顶面次结构时,天黑前,先吊装简单的短时间能脱钩的平直段次结构,当天最后一钩吊装不易脱钩的肩部弯扭构件,晚上焊工通宵焊接后第二天早上即可以松钩。

2.屋顶主桁架各种机电、膜结构、虹吸排水、天沟等专业吊挂件一定要提前对照图纸整理出详细的清单,有些专业吊挂件正好设计在两榀主桁架之间的焊缝处,需要专业设计调整位置。各专业吊挂件尽量在主桁架拼装时在地面焊接,这样可以节省大量高空焊接费用和降低高空安装风险。

3.立面次结构和立面桁架腹杆均为箱形构件,需要分几段对焊,下一段与上一段箱形构件对接需要一定周期,下一段箱形构件朝天面碰到下雨时很容易进水,冬天结冰后对次结构和腹杆构件结构造成破坏,会对结构安全造成影响。这样在吊装下一段立面次结构或立面桁架腹杆时,要对箱形构件朝天面采取包裹彩条布等措施进行封闭,避免雨水进入箱形构件腔体,如确实有雨水进入箱形构件腔体,须在构件下端打小孔将构件腔体内水放干净。

4.弯扭肩部次结构拼装时,胎架搭设是让次结构弯扭部位朝下卧拼还是朝上仰拼很关键,拼装单位是希望朝上仰拼,这样拼装能减少拼装难度和提高拼装进度,但从吊装安全角度考虑,次结构弯扭部位朝下卧拼时整个肩部次结构翻身比朝上仰拼时安全。

5.大型钢结构吊装时,大型吊车单一工况很难满足吊装需要。在实际吊装过程中,要根据吊装重量和距离,需要改变吊装工况或接长或减短主副臂杆,往往需要1~2d时间。构件吊装顺序及周期要周密考虑,尽量减少吊机工况更改次数,既能节省工期,又能节省昂贵的大型吊机台班费用。

6.钢结构油漆是钢结构美丽的"外衣",底漆、封闭漆、中间漆、面漆、清漆之间均有最长时间间隔要求,根据钢结构及整个建筑的工期确定哪几遍漆在工厂涂装,哪几遍漆在地面现场拼装时涂装,哪几遍漆在高空安装后涂装。对保证涂装质量及节省涂装费用至关重要。另外,在油漆涂装过程中,一定要根据风力、风向及周围环境选择涂装部位和顺序及涂装方法,避免因采取喷涂方式油漆顺风污染周围的汽车、建筑装饰物等,造成不必要的赔偿。

结束语

2008年8月8日,奥运圣火将在国家体育场点燃,全世界的目光将聚焦北京、聚焦"鸟巢","鸟巢"的"钢筋铁骨"将展示在世人面前。观众也许被精彩的体育比赛所吸引,"鸟巢"钢结构施工的壮观场面也许会被逐渐淡化。但作为一名"鸟巢"的建设者,有必要将钢结构施工组织管理经验与同行交流、分享,以便共同提高大型钢结构施工组织管理水平。

如何编好投标施工组织设计

(北京华运装饰工程有限责任公司,北京 100044)

◆ 王 威

目前,建筑市场的竞争日趋激烈。为了能使企业在建筑市场上占有一席之地,并发展、壮大,企业要有足够的施工任务。现在,承揽任务通过招投标方式已成为建筑企业承接工程的必经途径。其中投标文件中的施工组织设计编制的好坏在某种程度上起到至关重要的作用(它的编制是否合理,具有一票否决权)。这给编制施工组织设计的工作带来了巨大的压力,笔者根据多年的实际工作,总结了以下几点经验,与建造师同仁商榷:

投标施工组织设计除了要按施工组织设计要求编写:编制依据、工程概况、质量和工期控制、施工组织与部署安排、施工准备、主要项目施工方法、主要施工管理措施、施工进度计划、现场平面布置图外,还应为响应业主及招标文件的要求编制:对该施工任务的认识、项目的难点和解决措施、总承包管理、如何为业主提供全方位高品质服务等,把投标项目技术方案编制作为递交给甲方的一份项目运作策划书。

一、投标施工组织设计的特点

1.内容的扩充性

其主要目的定位在争取"业主"的信任上,其内容较为广泛,具有扩充性。可以在对施工的认识中,写清企业对本工程的认识,业主的特殊要求(明确或隐含的),承包人完成本工程的优势(企业的能力、荣誉、主要业绩、质量体系标准认证和职业卫生/安全认证等,如技术标为暗标这些内容可在商务标中体现),这些都应作为投标施工组织设计不可缺少的保证资料。像非典时期的现场管理办法要重点突出现场对发生传染病的预控措施;又如,北京是首都,政府机构较多,有些施工任务带有很浓的政治色彩,这些都具有一定的特殊性,对相应项目的特殊要求必须在施工组织设计中有明确的体现。

2.编制依据的不确定性

编制的依据是招标文件、法律、法规、有关部门规章、工程建设标准(包括定额)、设计文件等,这些是可知的;除此之外,还应包括业主的特殊要求(明确或隐含的)及工程条件,由于时间紧迫,使招标图纸无法准确计量、招标工期由投标方竞报、无具体的水文地质勘察资料、施工条件未完全落实等,这些又是不确定的。对于不确定依据,企业要凭借自身的施工经验进行方案的可行性研究,做出风险性抉择。如我们投标的某工程在编制投标方案的过程中,北面为道路,距离在5m左右,业主没有提供相关的资料(道路边管线埋设情况),这给我们采取护坡的方法带来了一定的难度,原考虑采用护坡加锚杆的施工方法,但经过实际勘察,8m距离锚杆长度不能满足要求,所以决定采用护坡桩。

3.编制时间的紧迫性

不少业主只给企业7~10d的时间编制投标文件,有的甚至更少,因此应抓住编制工作主要矛盾,集中精力打歼灭战,对项目的实施方案提出战略部署及纲领性意见,如招标文件中施工组织设计参加评分的项目、甲方特别注明的项目,一定要详细说明,满足业主招标文件的各项要求,并且不会因为落项而扣分。

二、投标施工组织设计的编制要点

1.重点突出,针对性强

能展示本企业强项之处或涉及招标方注重事宜可以做到详尽。如信息产业部电信研究院电磁兼容实验室扩建工程,由于该楼为实验室,仪器设备怕水,且施工时实验室仍需正常工作,施工中要严格注意以上两点。我们就从保护屋面防水和如何搞好同实验室人员的相互配合入手,通过制定各种措施,达到业主满意。

2.图文并茂

插入各类增加宣传效果的彩色图片。为了使施工组织设计更为直观地表现本企业的实力,要把我们同类型工程施工时的照片编辑到方案中。使业主对我方有更进一步的了解,加强评委的直观印象,增大中标的机率。但要注意暗标图片中不得有明显的企业标识。

3.重视踏勘现场和招标答疑

勘察现场和招标答疑是企业与业主在投标前进行面对面交流和沟通的机会,因此,不仅报价人员要特别重视,以免报价漏项、错误、违背业主意图或与实际情况不符,而且投标施工组织设计编制人员更应认真对待,通过踏勘现场和招标答疑,了解工程的特点,掌握业主的意图,弄清疑难问题,抓住主要矛盾,使投标施工组织设计的编制紧密结合工程特点、现场要求和业主意图。

通过现场勘察,以掌握现场可供实际使用的施工面积,周围环境和交通条件,了解水源、电源,暂设工程的拟利用和搭建的可能,以及地上、地下障碍物的范围和处理条件,为编制投标施工组织设计提供可靠的资料。

场地环境对施工的影响,扰民问题(如:噪声、粉尘)等,都要事先做好调查,作为编制中考虑的因素。如我们在一大型异形办公楼投标中,由于工程体量大、基坑埋设深、造型独特、施工复杂、工期紧、周边环境复杂(位于繁华闹市区,道路运输困难,环境保护要求高;现场周边地下管线分布较为集中,距基坑近,给降水、支护、土方施工带来较大的难度;不远处又有一座居民小区将要入住,存在扰民问题)。根据这些特点我们采取了分时段运输,避开车辆高峰期;现场门口增设洗车池,采取硬化场地等降尘措施;沿管线分部地段采取护坡桩的形式,确保市政管线的安全;施工现场采取防噪声安全网、无噪声振动棒,夜间不施工等措施,赢得甲方及专家的好评,为最后中标奠定基础。

4.熟悉图纸,确定合理的施工方法

建筑物的长、宽、高以及构件最大重量便于选择塔吊型号,根据场地情况确定塔吊位置,根据建筑物面积大小合理分段,合理划分流水段可对施工管理带来很大好处,如节省劳动力、工具设备,充分利用了空间和时间。

总结同类型施工经验,在编制新方案时提出相应的对策。如:外墙内保温窗口处容易产生空鼓,应在窗台下打5cm厚的豆石混凝土,再抹窗台、抹窗套时要卷过墙面3cm,防止保温板与抹灰面间产生空鼓。

5.正确制定工期目标

建设工期有业主指定和企业自报两种情况,确定施工工期前,企业应作理智而认真的分析,根据工程规模、工地条件、定额工期、施工方案、自身实力、预投入与经验、投标策略等计算项目的合理工期,既不冒进、也不保守;当投标工期明显少于合理工期时,承包商应制定可靠的工期保证措施。措施如下:

(1)周密部署、合理划分流水段,并适当多投入劳动力。

(2)优化施工组织设计及方案,提高机械化施工。如混凝土采用输送泵,所有构配件均在塔吊有效半径以内。

(3)严格质量检查制度,采取样板引路,减少窝工、返工时间。

(4)加强施工前的各项准备计划,确保各项材料按期进场。

(5)各专业穿插作业,减少有效工作时间。

(6)加强与甲方、监理、设计及分包单位的协调。

(7)制定阶段性施工进度目标,严格控制关键线路上的工期,及时分析处置影响工期的因素,确保实现施工计划。

6.制定可靠的质量目标

保证质量是工程的基本功能要求,也是业主的首要要求。企业应制定出使业主相信的可靠质量目标。依靠近期获得过的质量奖项作为取得业主在质量保证上的信任是不太可靠的,必须在确定目标之后真正提出可靠的质量保证措施和创优措施。

(1)严格执行 ISO 9001 质量管理体系。

(2)优选劳务队伍,实行优质优价,加强教育,提高质量意识。

(3)施工质量预控,采购经考察确认合格的分承包方的产品,主材统一进货,材料进场后的检验和试验要严格执行,确保用在工程上的材料都是合格产品。做好图纸会审及技术交底,对管理人员及劳务人员都要进行培训,编制特殊作业指导书,关键部位、特殊工种人员必须持证上岗。

(4)施工过程的控制:

1)落实"三检制"。

2)隐蔽工程验收。

3)钢筋混凝土结构施工实行"两申请"。

4)各分项、分部工程及最终质量检验,不合格的项目按有关控制程序处置后,再复核,合格后方可放行。抓好交底、检查、验收环节,实行全过程、全员的质量监督,使每道工序均处于受控状态。

5)特殊过程的质量控制。

6)施工试验管理。

(5)细化各分部、分项的质量目标和预控措施。

7.多提合理化建议

招标文件中一般不会出现"合理化建议"的条款,但业主内心对承包方是有此愿望的,承包商应该设法满足业主的这种隐含的需求,在投标施工组织设计中多提合理化建议。合理化建议可以是对建议局部的设计修改,建议采取新技术、新材料或新设备,但是不得违背招标文件和投标须知的要求。如有的地面垫层采用焦渣,但焦渣垫层易出现空鼓,我们建议采用陶粒混凝土。在某工程投标中,该工程游泳池设在夹层上,为防止出现池底结露,我们建议池底顶板下采用保温措施(粘聚苯板),就受到业主的青睐。

在现在的招标中,业主有一些隐含性的需求,如一些专业施工项目,在招标文件中即明确为甲方分包,所以怎样做好总包,对分包方如何进行控制,对总包所起的作用,我们一般从以下几个方面进行考虑：

1) 对分包方提供的服务

提供可使用的机械有塔吊、室外提升架；临时设施有贵重材料库房、厕所、安全通道；在作业面提供轴线、各层标高线、脚手架、安全防护、楼层配电箱；同时还提供现场临时用电、现场临时用水、现场照明和现场安全保卫。

2) 对分包方的人员管理

在与分包方签订合同时明确提出对分包方在现场的组织和人员要求。分包方必须在现场设有足够的管理人员和总负责人，总负责人必须有权对分包方在现场的所有人员、材料、机具进行调配。现场还必须设置专职质量负责人和安全负责人。

3) 对分包方的进度管理

分包方进场前根据总包方编制的总进度计划，编制其分包项目的进度计划，该计划必须符合总计划的安排，并综合考虑劳动力计划、材料计划、机械设备计划。计划确定后报总包方和监理工程师审查，一旦通过后及时备案，并严格执行。此后，分包方还要根据工程进展情况，确定每月、每周、每日的详细计划及时上报总包方，总包方将会同监理检查、监督分包方的计划执行情况。

4) 对分包方的质量管理

分包方在施工前先上报施工方案，对分包项目具体的工序、施工方法、质量效果、执行的规范等相关内容进行详细、具体的阐述，经总包方和监理工程师审核通过后作为对分包方的质量管理依据，分包方必须严格执行，总包方和监理工程师将进行定期和不定期的检查监督，一旦发现有不按方案执行的情况，总包方将有权立即令其停工，一切后果自负。

所有分包项目的材料必须提前向总包方和监理工程师提供样品、企业生产许可证、合格的检验报告等相关证明文件。材料进场时向总包方和监理工程师报验，总包方和监理工程师按样品对其进行验收、确认。对于部分关键材料，还要进行现场见证取样检验。

分包项目在施工过程中，按规定需要进行隐蔽验收的工序，在工序完成后必须报总包方和监理检查，合格后方可隐蔽。每个分项工程结束后，由分包方进行自检，做好自检记录，对于一些需要进行实测的项目，必须填写实测数据，持自检记录报验，由总包方和监理共同按相应规范的质量标准进行验收。

8.使用先进的施工技术

通过投标施工组织设计向业主展示自己的综合实力、技术特长。投标施工组织设计编制中，要尽可能地采用先进的施工技术，具有较强的机械化施工技术能力，会优先得到业主的青睐。

首先是建设部推广的十项新技术：深基坑支护技术、高强高性能混凝土技术、高效钢筋和预应力混凝土技术、粗直径钢筋连接技术、新型模板和脚手架应用技术、建筑节能和新型墙体应用技术、新型建筑防水和塑料管应用技术、钢结构技术、大型构件和设备的整体安装技术、企业的计算机应用和管理技术。其他的像尽量采用机械化施工、避免人挑肩扛(在现场条件不允许的情况下可采用)等也是评分的重要依据。

如还是以上说的异形办公楼，造型独特为船头形状，所有外梁均为圆弧梁且每层弧度不一，测量、支模作业难度大，工程体量又大、系统多、科技含量高、施工复杂、装修标准高、工期紧。针对这些我们采取了以下措施，确保工程的实现：

①泵送混凝土技术结合布料杆的使用，可大大提高工效，节省时间。

②$\phi 16$ 以上钢筋采用剥肋滚压直螺纹连接技术，确保钢筋的机械连接质量，又比同类套筒冷挤压经济，现场操作也简单。

③圆弧梁采用可调圆弧钢模板，既能确保质量，又便于操作。

④碗扣式脚手架和顶板快拆体系，加快模板的周转。

⑤采用先进的仪器设备，如针对弧形梁及曲面楼型我们采用计算机计算绘图、全站仪定位测量。

⑥采用梦龙网络系统抓住影响工期的关键线路，采用CAD绘图软件布置专业管线，避免管道"打架"。

9.诚信为本

投标施工组织设计是投标文件中一个重要的组

成部分,项目一旦中标,投标施工组织设计将成为中标合同的一部分,所以投标施工组织设计应建立在本企业的施工能力上,不要为了赢得甲方的信任,不顾自身的实力,任意承诺甲方的要求(工期或质量要求),如无法完成,这将给企业带来意想不到的信誉和经济损失。

如:有些业主有提前工期或达到优质等级的要求,如果我们盲目承诺,不但我们要加大投入(人力、物力),还有可能承诺太高,尽最大努力也没达到合同要求,那我们就还要承担相应的经济处罚,企业的信誉也在一定程度上受到影响。所以,我们还是要本着实事求是的原则,在自有实力的前提下,完成投标施工组织设计。

三、关于建筑业实行清单计价后施工组织设计应注意的问题

北京市建委于2003年7月1日起在北京市实施国家标准《建设工程工程量清单计价规范》(GB 50500-2003)后,工程所用材料用量由业主给定,建筑企业将根据本企业的自身能力申报预计施工所产生的相应措施费用,不再按总价的相应比例计取。

现今,建筑业已经进入到微利时代,建筑市场竞争更趋于白热化。这样,就要求建筑企业提高现场管理能力,施工单位在投标阶段必须精确计算出整个施工阶段可预见和不可预见的各项费用,并计入成本。一旦中标,业主将不再给予任何形式的补偿。这就给建筑企业带来更大的投标风险。

这样,技术标编制的内容将更为烦琐,它在原有各项措施的基础上将更具备针对性和经济性。其中施工的技术方案的选择将左右项目非实际性项目的报价高低。如基础施工中采用护坡桩或喷锚护坡价差将在一倍以上;又如,使用大型机械、周转材料的数量、型号和租赁时间,其费用将有很大差别。其他在现场管理的各项措施中也将体现出来,它主要包括以下措施费用:

1.室内环境污染的测定
2.文明施工

文明施工管理机构设置;现场各种标识、垃圾密闭容器;防中毒、灭蚊虫措施;卫生许可证、炊事人员健康证、卫生制度及检查措施;法定传染病的抢救治疗处理防疫费用;防暑降温措施;接待解决居民来访开支。

3.安全施工

专职安全消防人员的配置;财务安全保卫设施;临设消防通道设施;消防器材及防火标识的设置;安全网、防尘网的设置;季节性施工措施;安全防护措施;夜间增加照明措施;临电的防护监护;安全帽、安全带的配备;对周围建筑采取的安全保护措施。

4.施工现场环境保护措施

施工现场道路硬化、固化、绿化;垃圾的堆放及消纳;冲洗车辆及设置循环水装置;隔声、降尘措施及噪声监测;沉淀池及隔油池的设置。

5.临时设施

现场办公室、会议室、仓库、食堂、变配电室、厕所、电箱、围挡、水电管线及埋设;塔基;现场照明等。

四、对施工组织设计编制人员的素质要求

现阶段是高速发展的电脑时代,施工组织设计的编制完全采用计算机编制、绘图、打印,有一些同类型的建筑施工方法可以互相借鉴,这就给投标施工组织设计的编制节省了一些时间和精力,但是这就因此产生了一些不顾施工项目的不同而照搬、照抄的现象,没有的项目写上了,该写的项目漏项了;更为严重的,还标注着其他工程的名称。专家组在评标的过程中,看到上述问题一律是废标。前期工作白做了,经济标做得再好也没用了(施工组织设计有一票否决权)。这就要求施工组织设计编制人员要有很强的责任心。

总之,一个好的投标施工组织设计应做到科学、先进、可行,总体上反映本企业的综合实力;质量保证体系完整、措施有力;施工进度计划及保证措施合理;安全、文明施工等各种措施完善、可靠;劳动力计划和主要设备材料的用量计划合理;具有较强的经济性;能体现总包能力,能统揽全局。

国家体育场 PTFE膜结构安装技术

◆ 冯红涛[1], 武斌红[2], 吴之昕[1], 李文标[1]

(1.中信建设国华国际工程承包公司国家体育场项目部,北京 100731;
2.北京纽曼帝莱蒙膜建筑技术有限公司,北京 100076)

摘 要:国家体育场PTFE膜数量多、面积大、工期紧张、质量要求高。本文结合实际情况对工程中所采用PTFE声学吊顶膜安装方法进行介绍,为以后类似工程提供参考。

关键词:PTFE声学吊顶膜,多吊点人工提升,膜单元安装,膜张拉

一、工程简介

国家体育场位于北京市奥林匹克中心,是2008年奥运会主会场。体育场屋盖结构的平面投影为椭圆形,长轴为332.3m,短轴297.3m。顶面为比较平坦的马鞍曲面。体育场屋面开口近似椭圆形,由两条椭圆线段和两条圆弧线段合成,长向(南北向)约为186m,短向(东西向)约为127m。

体育场屋盖上层为ETFE膜结构,主要作用为遮风挡雨和透光膜结构。下层为PTFE膜结构,分为声学吊顶膜和防水吊顶膜。声学吊顶膜主要作用为营造适合体育场的声学效应结构和装饰结构,由下部声学吊顶膜、看台声学吊顶膜组成。内环防水吊顶膜主要作用为遮风挡雨和装饰结构。膜单元总数1 044块,总面积约53 000m²。

声学吊顶各种形态膜约904个单元。其中200m²膜单元12个,最大展开面积267m²,膜面周长约为137m。100~200m²膜单元104个,50~100m²以上膜单元194个,50m²以下的膜单元606个,最小展开面积1.5m²。内环吊顶防水膜约140个膜单元,最大展开面积约334m²,最小展开面积约3m²。其中200m²以上的膜单元14个,100~200m²的膜单元10个,100m²以下的膜单元约116个。

二、PTFE膜结构安装技术

1.膜安装总体思路

(1)膜安装与膜附属钢结构划分区域相同,最大膜单元展开面积约267m²,自重约160kg左右,附件重量约160kg,沿膜周边5~7m设一个吊点,采用人力提升,每个吊点承受力小于40kg。在看台吊顶吸声膜安装前,所有其他安装工作都应完成,安装已完成的膜单元上方不得有任何专业施工,以免对吸声膜造成污染或者破坏。

(2)膜单元安装采取流水作业,实行定岗、定责、定人、定质责任制,每组完成各自固定安装内容,其工作范围如下:

1)地面拼装组:施工场地清理、保护膜铺设、膜单元转运、膜单元质量自检、膜单元地面预张拉、膜单元附件组装、吊点设置、膜面清理、吊绳绑扎、起吊膜单元。

2)高空准备组:工作人员行走安全绳铺设、安装跳板的搭设和拆除、膜单元提升吊点的挂设、拆除。

3)膜单元安装组:膜与膜附属钢结构接触表面清理、膜单元提升、膜单元边界定位、紧固连接件。

4)膜单元预应力施加组:膜单元边角收口、膜单元预应力施加、膜单元支撑件安装、膜表面清洁。

2. 膜安装准备

(1)场地清理:将展膜地面杂物清理干净,将带有锐角硬物突出地面的钢筋头、管子头等物剔除,将地面污染等物清洗干净。

(2)铺设保护膜:将已清洗干净的保护膜铺设在需展开膜单元的正下方,并拉设好防护绳。

(3)膜单元转运:需要安装的膜单元,采用机械或人工(视膜单元大小而定),从膜单元堆放场将要安装的膜单元运至安装位置正下方。

(4)膜单元自检:拆除包装,按工艺流程将膜单元展开,检查膜单元周边尺寸、搭接方向、开孔位置、热合缝是否符合设计要求,膜面有无破损,有无瑕疵,有无污染,并做好记录,全部合格进入下道工序。

(5)铺设工作人员高空行走安全绳:在主钢构上下桁架支撑杆1.2m处铺设工作人员高空行走安全绳,在每个膜附属钢结构框架吊杆1.2m处铺设人员行走安全绳(ϕ20mm尼龙绳)。

(6)利用膜附属钢结构上的安全网搭设安装人员工作跳板:用木板沿膜单元膜附属钢结构框架四周铺设,并将木板搭设处捆扎。

(7)检查清理膜单元与膜附属钢结构框架四周与膜接触的钢管表面,将焊接残留的焊渣飞溅物、油漆残留、钢管对接管口打磨光滑。

3. 膜单元组装和安装

声学吊顶膜、防水吊顶膜安装方法基本类似,本文以声学吊顶膜为例叙述安装技术。

下部声学吊顶膜操作平台利用膜附属钢结构安装时搭在水平杆和安全网上的木板作为施工平台。

(1)地面展膜

膜单元成品在地面展开检查前,清理清水混凝土看台杂物,对看台地面硬物应清除,并铺设擦洗清洁的保护膜,并在工作区域设置围绳以防其他人员进入。

相应位置膜单元运抵安装位置正下方后,去除包装物,将膜单元展开,展开的各边与上面的膜附属钢结构基本吻合。展开过程中,注意保护膜面,防止膜面污染;膜单元完全展开后,检查膜单元周边尺寸、搭接方向、开孔位置、热合缝是否符合设计要求,膜面有无破损,有无瑕疵,有无污染,并做好记录,全部合格后进入预张拉工序。

(2)膜单元预张拉

由于每个膜单元各边都有设计补偿值和热合收缩量,膜单元地面展开且检查合格后,用专用工装将膜单元周边尺寸进行预张拉。张拉示意图如图1。

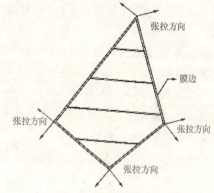

图1 膜预张拉示意图

(3)膜单元附件组装

将膜夹板、张拉螺杆、镀锌钢管按设计图纸要求与膜单元连接部位组装。组装示意图如图2。

图2 膜地面组装图

(4)膜单元提升吊点挂设

在膜单元与上吊点相同的位置将吊点工装固定在膜单元四周夹板上,并与提升吊绳相连。

(5)安装膜单元四周吊点工装

沿膜单元膜附属钢结构框架四周每5~7m设一个提升吊点,吊点绳扣采用尼龙带,通过滑轮将绳放至地面。吊装示意图如图3。

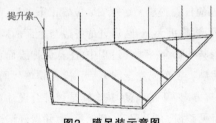

图3 膜吊装示意图

(6) 膜表面清洁

吊装前的一切准备工作完成后,工作人员穿着专用工作鞋,先清洁膜面上方,将膜单元提升1~1.5m时再清洁膜面下方。

(7) 膜安装步骤

1) 安装组人员就位:按各自分工的位置,准备好工具,进入安装工作面。

2) 统一指挥:地面人员均匀拉动吊膜绳索;将膜单元缓缓提升至安装位置400mm处停止。

3) 安装人员在各自的位置上,将膜单元定位点与膜附属钢结构框架定位点对正,再将膜单元拉至安装位置。

4) 安装膜单元夹角处紧固件,进行预张,使膜单元夹角处边界就位。再安装中部紧固件。然后拧松膜单元夹角处紧固螺母,最后统一将所有紧固件螺母拧紧。螺杆露出10mm为止。

5) 拆除吊具吊绳,依次进行其他膜单元安装(图4)。

图4 膜安装图

(8) 膜张拉

PTFE膜安装就位,需要对其进行张拉。膜张拉示意图如图5。

1) 预应力施加顺序:每个膜单元施加预应力时,应先边角、后中部,先短边、后长边对称张拉。

2) 控制方法:(1) 位移控制:第一次位移量为设计位置量的50%,第二次位移量为设计位置量的30%,第三次位移量为设计位置量的20%,位移允许偏差±10%;(2) 用专用测力仪对张拉完成的膜单元的有代表性的施力点进行力值抽检,力值允许偏差±10%;由设计单位、监理单位、总包单位和施工单位共同选定有代表性的施力点。

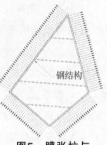

图5 膜张拉与调整示意图

3) 预应力施加间隔:每次施加预应力间隔24h;第二、三次施加预应力时,各工作点位人员随时观察膜面张紧度,遇有应力集中的情况应及时调整,避免膜面破坏。

4) 安装膜单元中部紧固件,膜单元张拉到位后,安装膜单元中部与膜附属钢结构的连接件。节点示意图如图6。

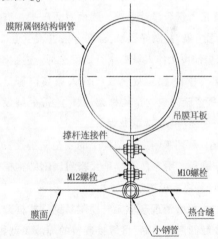

图6 中部紧固件示意图

三、结束语

国家体育场PTFE膜数量多、面积大、工期紧张、质量要求高、设计新颖,在国内少见,通过滑轮采用多吊点人工提升方法安装PTFE膜,安装工艺简单易懂,普通工人简单培训即能上岗;安装区域比较自由灵活,可以多个工作面同时开展安装;对其他专业成品影响较小,基本不影响其他专业成品;安装费用较低,安装费用主要是人工费用;安全风险小。希望通过本文介绍为国内类似PTFE膜安装提供借鉴和参考。

在国际土建项目中突破与管理公司、业主之间的"墙"

中石化国际石油工程有限公司沙特延布 U&O 石化联合装置综合建筑物 EPC 项目工程施工管理的实践

◆ 赖永刚

(中石化国际石油工程有限公司，北京 100038)

海外工程项目实践当中，如果与管理公司或业主之间的关系融洽，真正为了一个共同的目标——把项目做好而融为一体，项目的成功率就很高了，同时也就意味着很可能实现盈利。当然，实实在在的"真功夫"也是必须的。在中石化国际石油工程有限公司的多种海外项目中，无论盈亏，和管理公司之间的关系由于多种多样的因素的影响有着很大的不同，但真正的能和管理公司或/和业主能够通过工程项目的实施过程可以融为一体的非常少。

"墙"是怎么形成的

我国海外项目的历史是从对外援助开始的，但是，随着改革开放的逐渐深入，在各个领域里都取得了进展。尤其是近年来，随着走出去的方针，以石化行业为龙头的海外工程大军率先翻开了我国企业海外工程的新的一页。

在众多的海外工程项目中，土建工程的承包，在我国企业的海外项目当中还刚刚开始不久，同时也是一个具有非常广阔发展空间的领域，方兴未艾。但是对国际土建工程的运作方式、程序的不了解，及同管理公司和/或业主不同的利益方向、工作、文化背景和方式、语言沟通习惯、习惯的不同是造成这堵"墙"的直接原因。

在很多具体的项目执行过程当中，由于承包商和管理公司来自于不同国度，以前一般没有共事经历，所以在共事的过程当中，如果项目进展得顺利，相对地，执行过程当中的问题会少一些，但是从开始就运作得很好的项目很少，所以多数情况下在管理公司和承包商共事的过程(至少是初期)当中，根据双方不同的利益方向，相互矛盾的行为方式很容易造成相互的误解等，因此，一堵无形的"墙"有意无意地挡在管理公司和承包商之间，成为执行合同制度和程序的一大障碍。而除了提高自身的工程管理能力、项目执行能力需要一定的时间、经验、资本的积累，在项目初期突破这堵"墙"成为了决定工程进展的一个非常关键的因素之一。

下面我就对不同的利益群体的利益方向进行分析：

管理公司的利益：根据管理公司和业主事先签订的合同，替代业主按照合同标准进行管理，确保工程按时、按质、按量地完成;反映到实际的工作当中就是对承包商进行严格的日常管理,以与分包商签订的中标合同为标准,建立制度和工作流程,深入到承包商的所有工程程序相关的方面:如所有的计划控制、HSE管理、施工、质量管理、采办、人员动迁、工程款结算等等,以确保工程的按时、按质、按量完成。而根据合同内利益的安排,管理公司在整体项目要收取正常的管理费以外,如果项目的进展和质量达到合同规定的不同标准时,管理公司有可能从业主那里获得一笔数量可观的奖金。所以,对于管理公司而言,它最在意的是工程进展、质量和结果;其次才是承包商的利益;根据中标合同中的规定,依靠自我在工程施工中的各种资源和优势,以最少的代价,在业主和管理公司认可的范围内完成合同规定的任务和责任承诺,以为其股东获得最大化的利润。

业主的利益:业主是为了自己的宏观策略性计划完成其所要完成的目标。但是无论管理公司和业主的合同签订得如何完美,由于利益方向的不同,两者之间也会出现不少的利益冲突点,但是业主一般总是由于种种原因希望管理公司通过其在相应领域的优势和专长,使自己的计划得以更好的实现。所以,一般在项目的管理过程当中,业主不直接参与到工程的日常管理当中。管理公司和承包商对业主来讲一样重要。显而易见的是在业主和管理公司之间也需要一个过程使得双方由于利益驱动力的不同而造成的"墙"得以最终消除,而这个过程同样也与管理公司和承包商的工作结果直接相关。

所以,从承包商的角度出发,如何突破和管理公司之间的"墙"就变得非常重要了。这不仅仅是对承包商和管理公司之间而言,同样和业主和管理公司之间一样重要。我们从经验中总结出的结论是,无论自身企业的能力在国内表现得有多么强,来到沙特,由于当地供货商的缺乏、生产材料的供应不足、相关设备的供应周期难以确认、设计变更和特殊要求的项目等等,都将很容易将工期拖下来,尤其是在项目的开始阶段,很多队伍都感到力不从心、有劲没处使,在投标过程当中认为很有把握的、容易的项目变得无法控制;而这一切的原因都可能很容易地造成在承包商、管理公司及业主之间的误会,渐渐地变成对相互的猜疑,以致最终发展成相互的不信任,从而形成了一堵无形的"墙"。

首先,如何突破和管理公司之间的"墙"成为了问题的关键。我们不妨先仔细考虑一下这堵"墙"是如何建立起来的。如上所述,管理公司和承包商之间的"墙"是由于利益方向和工作文化背景的不同造成的。但是除了局部利益方向由于合同关系无法改变之外,在生熟程度、不同的工作背景、习惯、文化、信任、友谊等等方面,从承包商的角度出发,是可以改变的,为了达到承包商的商业目的,相应的改变能够极大地改变和管理公司之间的工作环境,建立合作关系和相互信任,甚至工作友谊。而以上因素的建立在某种程度上可以决定项目的的难易程度甚至成败(另外,无论再完善的合同都不可能对复杂的工程施工的所有内容规定得尽善尽美,因此,仔细分析三方相互之间的利害关系,也是可以从中找到承包商和管理公司及业主利益方向一致的地方,加以利用,相信可以对"墙"的消失有所帮助)。

还是由于利益方向不同,承包商和管理公司之间的利益冲突是很容易出现的,尽管有合同的规定,但是在投标的过程中对项目的评估和认识是永远不会和实际的操作过程完全一致的;所以,管理公司以其固定的管理模式和对项目的管理程序很可能和承包商面临的实际情况和条件有较大差异,加上普遍存在的语言障碍等等因素,这时误解和矛盾就很自然地开始了。

矛盾:由于在项目的执行过程当中,不同利益方向的驱使和其他方面的因素造成的困难、不同的行为规范,矛盾是非常容易产生的,但是有了矛盾并不可怕,在几乎所有的海外项目都是普遍存在的,关键是如何面对和解决这些矛盾。

矛盾的处理:

(1)一定要知道如何面对矛盾。首先,在承认矛盾之前,不要把问题当成一个矛盾来处理,我在延布项目中对矛盾的处理是把矛盾当成一个对问题的不同看法和认识来同管理公司的项目经理进行交流的。实际结果是,以这种想法和认识处理问题为矛盾的解决和相互之间的沟通创造了一个非常好的气氛，当然在处理矛盾的同时也要用沟通的技巧让对方(管理公司)了解你对问题的认识和看法，这样矛盾的解决就变得没有那么困难了。

(2)分析矛盾：充分分析和了解矛盾的根源和现有的条件以及周边的环境，同管理公司的项目经理或相关部门经理坐下来，共同探讨在我们双方的实际现状和条件下对面临问题的解决办法。充分的沟通是解决矛盾的良药，同时可以把沟通的过程当成一个相互了解和认识的机会，通过双方对问题的处理方法和思维过程的相互了解建立相互了解，这也是在下面解决文化差异和建立相互信任的第一步。

(3)把解决矛盾变成建立相互信任的桥梁：对矛盾的解决首先是对双方利益方向不同的一种妥协。在不同的阶段和对不同重要性的矛盾的处理方法和态度应该是不同的。

举例1：延布项目的工程款结算在先期由于人员缺乏国际工程管理的经验，对项目合同的理解不够深刻，在工程款结算上失去了不少先机，而仔细分析原因，问题就出在工程款结算不同内容的权重的比例上。对工程款结算的权重比例的确定，是一个将影响到项目整个过程现金流管理的重要问题，由于我们是总价合同，合同里面没有对工程款结算的权重做出规定，且确认方式是管理公司和承包商之间就可以确定权重，而支付方是业主，并由管理公司代业主审批；所以，在这种条件下我们就应该对我们项目的执行计划进行认真彻底的分析，选出对我们最为有利的权重比例，即获得最大化利益的可能方式；相反，对管理公司一方而言，只要是不特别超出常规，他们就可以接受我们的要求，原因是，我们利用了不同方之间利益方向的不同（管理公司和业主的合同里没有对工程款发放的具体规定，并不影响管理公司的业绩评估，所以管理公司对工程款发放的执行并不在意，而作为项目的执行方——承包商就得到了很好的现金流的工程款结算方式）。如果我们在最初就这么处理这个问题，不仅项目在今后从工程款结算上对项目整体资金需求的供应能力得到最大化，而且会自然而然地极大降低承包商对项目投入的资金量和自己的风险，同时降低资金成本，增加项目利润。

举例2：对项目控制计划的要求。由于管理公司是世界土建工程管理的老大，国际项目管理经验极为丰富，对项目的控制一直是贯穿于整体项目管理中的重中之重，所以根据管理公司的要求，提供我方对项目控制计划的方案就成了我们的义务和必须。而就延布项目而言，我们的控制部门的工作能力相对非常弱，没有施工经验、没有海外经验、英语能力差等等，和管理公司的要求差距极大，没有能力完成管理公司对周报、工程计价发票和项目施工、动迁、采购等等计划提交的要求，所以矛盾就这样产生了。在对这个问题的处理上，我采取的办法是经过双方的充分沟通，我首先充分了解了管理公司的管理程序和实施程序，根据我方人员的能力，亲自督促我方计划控制工程师多次同管理公司的控制部门相关人员对控制部门的工作要求进行沟通，经过一段时间的努力，发现我方人员由于种种原因暂时无法达到管理公司的要求后，马上向领导汇报要求加人，同时经过较长时间同管理公司的相关人员打交道，相互间建立了信任，请他们自己在实际情况的基础上，为我们完成管理公司提出的相关控制计划要求，经我们审核后提交管理公司。并彻底解决了这个矛盾。在这个矛盾解决的同时，使我们在计划控制的能力上提高了一个档次，对工程施工进度的管理和监督上上了一个层次，培养了我们自己的工程控制人员，确保了施工控制的理论基础。

文化差异：大部分项目的管理公司来自于西方国家，施工管理技术比较发达，大部分的管理人员也来自于西方国家，所以如何同西方国家的管理公司相关部门领导和项目经理建立良好的合作关系成了一个非常重要的因素。在很多项目中，存在不同层次的合作关系，合作关系的层次参差不齐，项目执行情况得好，正当的合作关系自然容易建立，但是大部分项目的开始阶段，由于各种因素的影响，项目的进展经常遇到这样那样的困难，需要经过一段时间才能走入正轨。因此，在项目的困难阶段、在没有实际的工作业绩之前，和管理公司建立良好合作关系、得到管理公司的理解和大力支持就变得非常重要，这样可以让我们的项目初期进展事半功倍。在这种前提下为了增进相互理解,沟通就变得非常重要,而在良好深入的沟通方式建立之前,首先需要克服的是文化差异。

东西方文化差异的话题已经是一个老话题了。双方对相互文化和宗教的了解,以及基本文化和综合素质的优劣决定了文化差异的大小和相互融合程度。但是优秀的工程质量和施工速度,及雄厚的实力、诚实的办事作风都可以在存在文化差异的同时增进相互了解和信任。但是在如上所述的能力被管理公司认同之前,增进相互关系,把由于文化差异造成对工程的影响降低到最小、最低的程度就是相关管理人员工作的非常重要的一部分。总是低头苦干、傻干绝对不是解决问题、克服困境的最佳办法,而是傻办法、笨办法。把我们自己的苦干、狠干,变成在管理公司支持和帮助下的共同努力,才是事半功倍的最佳办法。

表现在工作中的典型例子:中国人相对内向,对管理公司的国外管理人员由于一起工作时间较少,对彼此的脾气、秉性都不太了解,不太清楚什么是处理相互间工作关系的最佳方式,加上语言能力的局限,所以有时会产生自卑感,变得比较懦弱,渐渐地开始对对方言听计从。这样不光影响了我们在工作当中应有的地位,同时更加容易使得管理公司人员产生高高在上的感觉,经过一段时间以后,应该有的良好的工作关系和程序会被不知不觉中改变、扭曲。

所以,我们尽管有英语能力不高的先天不足、缺乏国际工程经验等等原因,但是我们不能放弃原则,必须使项目的整体形成一个团体,在团结互助的条件下,充分发挥我们的聪明才智,尽快地使工程步入正轨,赢得管理公司的尊重和信任。

信任的建立:由于第一次一起工作,对相互的不了解、公司间工作程序差异和文化差异等等原因,和管理公司之间信任的建立在项目初期阶段尤其不易。普遍存在一个双方建立相互了解、和相互信任、相互依赖的磨合过程。特别是在项目初期,大部分项目需要时间来调整运作方式、适应当地情况、适应管理公司的运作程序和工作习惯、适应当地采办的特点等等。

总之,信任的建立是鉴于相互了解的过程,如何才能建立相互的信任呢?首先,项目先期相互不信任的情况的出现是由于相互不了解,那么,怎么才能最终地相互了解呢?就像一对男女谈恋爱,多花时间在一起,就可以达到相互了解的目的,到最终,双方结婚了以后,成了一个家,造成了相互的利益高度一致,相互的了解也一定会达到一个很高的程度。所以,主动地使管理公司对我们有所了解,主动地向管理公司敞开所有我们的内容(东西),使管理公司参与到我们的日常工作当中,是改变管理公司对我们错误认识的关键,同时也是建立相互了解的重要手段之一;即把管理公司当成一家人看待,相互之间的了解和信任就会较容易地建立。为对方着想,尽量提供一个开放的工作环境,努力建立一种共损共荣的工作关系是建立相互信任的重要桥梁。

友谊:互相帮助,公共关系。友谊是区别于信任之外的关系,当然也是建立在信任之上的的一种更高层次的工作关系(在经过较长时期的合作后,建立起良好的私人之间的友谊也是完全可能的)。良好的工作友谊对项目的帮助是不言而喻的。经过充分的相互了解和建立了良好的相互信任之后,工作友谊是完全可以建立的。如果在项目的过程之中和管理公司或业主建立良好的友谊,对项目的执行和今后的进展将会起到很大的帮助作用,甚至可以对将来更进一步的业务(项目)合作起到关键性的作用。同时,领导层对基层工作的参与也将对友谊的建立起到非常重要的作用。

在延布项目中,和管理公司及业主的友谊的建立至少为国工的项目创造了如下好处和优势。

(1)对于现有项目的排他性:减少中间小鬼的干扰。在任何沙特组织团队(管理公司和业主)当中,人员的多样性是非常普遍的现象,管理人员不同的性格特点、不同的为人处世原则等等都会造成同管理公司和业主之间建立友谊的困难;更现实的是在项目的日常运作当中,不同的职能人员对出现的问题的解决办法和态度是完全不同的。基于以上的原因,如果可以和管理公司和业主之间建立起良好的工作友谊,对项目总体运作的帮助将会非常明显,就像两个公司在管理层之间建立了良好的工作友谊一样,其团队中的工作人员也会尽可能地以公司利益为重,对项目的日常运作起到潜移默化的作用;同时可以尽可能地降低中间小鬼(中低层管理人员)造成的负面效应,集中精力,维护项目整体的顺利运行。

(2)从国工市场开发角度讲,市场项目的开发工作真正的开始应该是从这里迈开第一步的,而不是从总公司或分公司看到真正的公开的招标文件开始。至今,如果仔细分析我们所有的海外项目是如何得到的,我们会发现,单单靠我们从购买招标文件、到召集相关人员参与招标、到最终中标的项目几乎凤毛麟角,就算中标后,对现场的了解等等前期工作也很难得到充分的准备。当然,新市场的开发可能必须艰难地走这一步,但是如果在现有市场,对市场的业务拓展可以从基层做起(项目管理公司和业主的管理层),上述的问题和困难将会很容易地被克服和避免。

(3)一种更高层次的业务(项目、市场)开发的最佳手段:中石化第二建设公司(后称二建)的例子。

二建在延布是我们的邻居,这也是他们第一个正式的海外项目,而且是和荷兰 AK 公司的联合项目,但是他们的做法和我们就有本质的区别:从管理层角度来讲,高级管理层主要的工作就是和业主高层沟通,建立相互了解和信任,同时经过一段时间的相互了解和通过在世界各地的沟通,同业主建立了非常好的关系,取得了业主的信任,建立了一定的工作友谊;而从日常运作层面来讲,主要是在尽可能地对项目的日常运作尽心尽力以外,配合管理层的工作,为自己的企业建立良好的口碑、形象和信誉度,在管理层取得业主高层的信任的同时,与当地的相关供应商、银行等企业建立了良好的工作关系和信誉。一年之后,二建在沙特东海岸就获得了另外多个大型建设项目。

当和管理公司和/或业主之间的"墙"被彻底打破之后,我们需要的就是加强自身各方面的能力了。经过一段时间的适应,我们可以非常清楚地看清项目的所需和我们的所有了,改进我们的不足之处,进一步加强我们的优势,做好计划控制,苦干快干,确保施工质量和日常管理,和管理公司及业主一起努力,相信延布项目将很快步入正轨并取得更好的成绩。

招投标违法行为记录公告制建立

国家发改委、工业和信息化部、监察部、财政部、住房和城乡建设部、交通运输部、铁道部、水利部、商务部、国务院法制办等十部门日前联合发出《关于印发〈招标投标违法行为记录公告暂行办法〉的通知》,这标志着我国正式建立招标投标违法行为记录公告制度。国家发改委有关负责人说,这个制度是规范招标投标活动的一项治本之策,可以扩大社会监督的领域,增加企业的违法成本。

水利部通知印发《水闸安全鉴定管理办法》

为加强水闸安全管理,根据《中华人民共和国水法》、《中华人民共和国防洪法》及《中华人民共和国河道管理条例》等规定,近日,水利部制定了《水闸安全鉴定管理办法》(水建管[2008]214号,以下简称《办法》),并于2008年6月18日颁布实施。

《办法》对水闸安全鉴定制度、基本程序及组织、工作内容等各方面都作出了明确规定。《办法》的颁布,对加强水闸安全管理,规范水闸安全鉴定工作,保障水闸安全运行,将起到积极的促进作用。

浅埋暗挖法城市地铁隧道穿越各类市政桥梁设施施工技术

范永盛

(北京市轨道交通建设管理有限公司，北京 100037)

摘 要：在修建城市地铁时，常常遇到暗挖隧道穿越各类市政桥梁设施的问题，制定何种方案保证施工过程中的桥梁使用安全及自身的结构安全非常重要。

本文根据北京地铁五号线天坛东门站及蒲黄榆站—天坛东门站区间沿途穿越的玉蜓桥、南护城河桥、天坛公寓天桥、崇文区中医院天桥及109中学天桥和北京地铁四号线双榆树—黄庄区间穿越中关村大街上的7号人行天桥为例，详细论述穿越桥梁的施工技术和过程。同时，我们也取得了穿越桥梁的成功经验：在地铁施工到该桥梁设施之前，通过产权单位、桥通所等部门查阅了所穿越桥梁的原始资料和其他大量的桥梁保护方面的资料，同时请教北京市市政、地铁及桥梁通道方面的知名专家，在此基础上确定了科学严谨的穿越各类桥梁的施工方案并经过专家论证，即：现场调查→基础资料查询→方案制定→专家论证→方案优化→方案落实。

目前地铁施工均已经安全地通过上述各类桥梁，根据监测各桩基累计沉降、沉降速率、沉降差异分析，桥梁结构是安全、稳定的，充分说明采用相应的技术措施可以保证桥梁设施的安全。为在城市地铁建设过程中成功穿越桥梁提供了可靠的施工经验和依据。

关键词：暗挖隧道，穿越，桥梁，工程实例

一、绪论

城内桥梁大都是城市道路中疏导城市交通的重要组成部分，一旦发生问题，后果不敢想象，地铁暗挖施工在穿越市政桥梁时，存在很大的风险，施工过程中必须保证桥梁的安全，因此，对桥梁采取必要的保护措施和施工过程中采取必要的措施是非常重要的，我们通过在地铁四号线及五号线成功穿越的几座桥梁的实例，总结可靠的施工技术和经验。

二、概况

北京地铁五号线天坛东门站及蒲黄榆站—天坛东门站区间南起蒲黄榆路北端，北至天坛东门，沿途穿越的桥区主要有：玉蜓桥、南护城河桥、天坛公寓天桥、崇文区中医院天桥及109中学天桥，其中南护城河桥、崇文区中医院天桥及109中学天桥需进行桩基托换；另外北京地铁四号线双榆树—黄庄区间穿越中关村大街上的7号人行天桥，各桥梁结构与隧道结构的关系如表1所示。

各桥梁结构与隧道结构的关系表   表1

施工区段	里程	构筑物名称	构筑物特点
北京地铁五号线蒲黄榆-天坛东门区间	K3+350~K4+000	玉蜓立交桥区	玉蜓桥桩基群距离隧道结构较近,最近25号墩桩基距离隧道结构边缘仅1.05m
	K3+808(左线)	南护城河桥	三排5根桩穿过隧道内(需进行桩基托换)
	K4+090	天坛公寓天桥	桩基距离隧道较近
	K4+418	中医院天桥	桩基伸入隧道内(需进行桩基托换)
北京地铁五号线天坛东门站	K4+806.388	109中学天桥	桩穿过车站中层板(需进行桩基托换)
北京地铁四号线双榆树-黄庄区间	K20+167	7号人行天桥	天桥桩基距离隧道结构拱顶仅1.485m

上述桥梁设施均属于北京市城区正在使用的桥梁通道,制定何种方案保证施工过程中的桥梁使用安全及自身的结构安全非常重要,因此在地铁施工到该桥梁设施之前,去产权单位、桥通所等部门查阅了大量的桥梁保护方面的资料,并请教了多名北京市市政、地铁及桥梁通道方面的知名专家,在此基础上确定了科学严谨的穿越各类桥梁的施工方案,即:现场调查→基础资料查询→方案制定→专家论证→方案优化→方案落实;目前地铁施工均已经安全地通过上述各类桥梁,现场监测证明以上桥梁均处于安全状态。

三、各类桥梁设施结构调查及穿越方案

1.地铁隧道穿越护城河桥桩基托换施工技术

(1)概况

南护城河桥是一座跨护城河的四孔(5m+15m+15m+5m)简支梁桥(图1),位于玉蜓桥的西侧,该桥主要功能是连接护城河南北两侧的玉蜓公园,现状已经被玉蜓公园施工单位封闭围挡。该桥的桥台为扩展基础,基础南北向为1.7m,东西向为16.0m,基底标高分别为39.501m、39.285m。河中间桥墩的桩底标高分别为14.446m、14.03m、14.327m,桩径为0.8m。地铁隧道在K3+775~K3+830段穿越南护城河,同时需要截断护城河桥三排共4根桩。护城河桥为简支梁结构,共三排12根桩,桩为摩擦桩,埋深约19.5m(自河床底)。地铁隧道位于河床底下8.8~17.0m范围,隧道上方地层自上而下为4.0m粉土和4.8m砂层,隧道开挖高度8.2m。左线从该桥下面穿过,河床、隧道位置关系如图2所示。

图1 南护城河桥照片

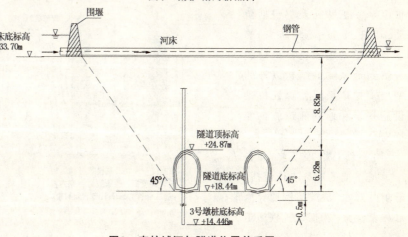

图2 南护城河与隧道位置关系图

图3 护城河桥桩基与隧道关系

护城河桥有三排桥墩中5根桩基伸入区间左线隧底。如图3所示。

(2) 施工方案

该地段采用了辐射井降水技术，考虑到地层中多为砂层，为满足无水施工要求，施工中采用了全断面帷幕注浆。同时为确保桥梁设施的正常使用功能，减少使用期间桥梁与地铁隧道的相互作用，在设计和施工中采用了"先加固，后托换"的方法，加固措施包括桥梁地面加固和地下隧道加固。

为确保地铁施工安全和桥梁设施使用安全，工程施工中采用了桥梁设施地面加固、帷幕注浆和桩基托换（包括植筋、切桩、断桩、施作防水）等主要措施。桥梁设施地面加固包括增加排桩系梁、加大桩径和增大帽梁断面。帷幕注浆的主要目的是保证地铁施工时无水作业，预加固桥桩周围土体，以控制桥桩沉降。桩基托换（包括植筋、切桩、断桩、施作防水）的主要作用是逐步将桥桩荷载分解到地铁隧道结构以外的两层支护体系上，保证桥梁设施安全和地铁隧道施工使用安全。

1) 辅助工法和施工前的准备

施工前的准备工作包括：辐射井降水、护城河围堰导流和帷幕注浆。为保证地铁施工在无水条件下进行，该地段采用了辐射井水平管降水技术，对穿越护城河段的地铁隧道施工范围进行降水施工，同时对护城河进行了围堰导流，在地铁施工段将护城河水导入铺设在河床上的封闭管道，确保地铁施工安全。采用帷幕注浆工艺有两方面作用，一是注浆止水，保证地铁隧道无水施工，提高施工安全性；二是加固隧道周边桩基范围内的地层，减少隧道开挖引起周围土体的变形，有效控制桥桩沉降。

2) 桩基托换施工

在施作围堰封河或洞内全断面注浆的基础上，施工中分为以下四部（详见图4 桩基托换施工步序）。

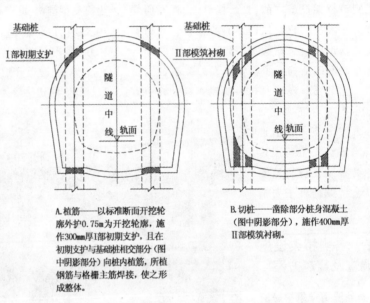

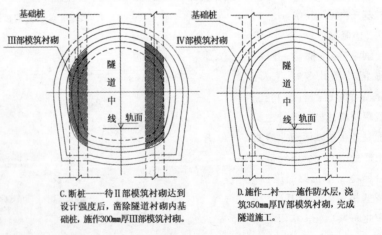

图4 桩基托换施工步序图

①植筋

从标准断面开挖外轮廓外扩0.75m为本段托换桥基范围的开挖轮廓,施作300mm厚Ⅰ部的初期支护,在初期支护与桩基相交部分(阴影区)向桩内植筋,所植钢筋与格栅主筋焊接,使之形成整体。一般植筋长400~600mm,锚入深度200~300mm。

②第一层托拱

凿除部分桩身外圈混凝土(留核心桩,大约30cm),并保留全部已露桩基钢筋,施作40cm厚Ⅱ部全封闭的模筑钢筋混凝土托拱。

③断桩、施作第二层托拱

待上步模筑衬砌达到设计强度后,凿除隧道断面范围内的桩基,施作300mm厚Ⅲ部的模筑钢筋混凝土托拱。

④施作防水层,然后浇筑35cm厚Ⅳ部区间隧道二次衬砌(标准断面)。

⑤加强监控量测,在该桩基上设置沉降观测点,严密观察桩基的沉降情况。

(3)实施效果

在辐射井降水、护城河围堰导流和帷幕注浆等辅助工法的前提下,经过植筋、切桩、断桩和隧道衬砌混凝土施工,完成了护城河桥桩基托换。整个施工过程4根桥桩中的最大累计沉降量为5.6mm,隧道结构在完成Ⅱ部支护后仅有0.7mm拱部沉降,达到了预期的施工效果。

2. 天坛东门站穿越109中学天桥和区间大跨断面穿越崇文区中医院天桥桩基托换施工

(1)概况

崇文区中医院门字形天桥中心里程为K4+418.413,该桥采用桩基,每个桥墩下面有一根摩擦桩,共5根,其中1根(TQ03)侵入折返线大跨断面(10-10断面K4+408.447~K4+428.789)内,此断面宽23.2m、高10.5m,拱顶处于中粗砂层,采用双侧壁导坑法分12部施工,施工难度较大;天桥桩基底标高为22.88m,承台尺寸为2.0m×1.8m×1.2m。

由于该桩基侵入折返线大跨断面主体结构,为了顺利施工及保证该天桥的使用功能,采用在地面上进行桩基托换的方法,即在既有桩基两侧沿路缘带各施作一根与原桩基同直径(φ1 200)钻孔桩,然后对桩周进行注浆,施作扩大承台(7.2m×1.8m×1.5m),将托换后的桩基与承台连接好(图5),由新桩承担原桩基的荷载,保证天桥使用安全。

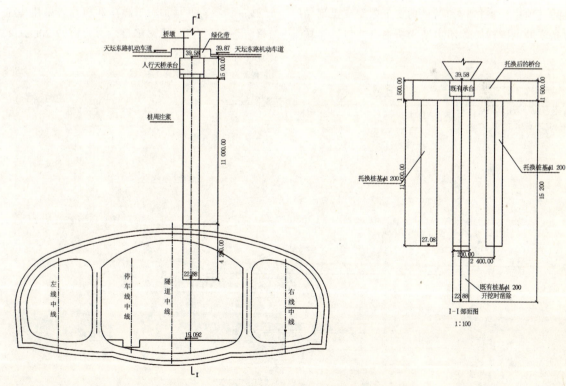

图5 中医院天桥与隧道(k4+418.413处)关系

工程实践

109中学人行天桥(里程K4+806.388)桩基底标高为23.59~23.8m,已经进入天坛东门车站主体结构站台层(中层板下1.6~1.8m左右)。下面以109中学人行天桥桩基托换的过程对方案加以说明(中医院天桥桩基托换方案与该方案相同):

109中学人行天桥中心里程为K4+806.388,平面上位于天坛东门站主体结构的南部,距离车站南端施工横通道很近,该桥采用桩基,每个桥墩下面有一根摩擦桩,桩基底标高为23.59~23.8m,已经进入主体结构站台层(中层板下1.6~1.8m左右);该天桥在天坛东路共四跨,跨度从西到东分别为10.0m、15.75m、15.75m、10.0m,主桥墩沿天坛东路为梯形状,下部尺寸为1.0m,上部尺寸为2.1m,承台尺寸为2.0m×1.8m×1.2m,桩径为1.2m;该桥梁为40号预应力混凝土空心板简支梁,桥墩设在1.5m宽隔离带上(109中学天桥与车站结构关系如图6所示)

(2)实施方案

为了使主体结构顺利地施工及保证该人行天桥的使用功能,采用在地面进行桩基托换,桩基托换的核心技术是新桩和原桩荷载转换,要求在转换的过程中托换结构和新桩的变形限制在上部结构允许的范围内。为不中断天桥通行并保证车站主体施工安全,采用在地面进行桩基托换的方法,即在地面桥墩承台下,采用把既有承台扩大、加深,在新承台下既有桩的南北侧各施作一根ϕ1 200新桩(桩底位于主体结构上部),由新桩承担原来桩基的荷载。然后在车站施工到该部位一定距离处,采用超前支护并注浆加固地层,采取"短进尺,快封闭"施工,对伸入开挖面内的桩基,在其桩周围植筋,与格栅焊接在一块,同时在地面天桥处加强监控量测,待初期支护变形稳定后,就可把主体结构范围内的既有桩凿除。经过计算,每根既有桩的自重荷载为963.15kN,施工期间不计桥面活载(桥面设计荷载:满人4.6kN/m²,考虑封闭天桥)时的地层沉降大约为15mm左右,通过辅助施工技术措施,使该部位的地层与桩基同步均匀沉降。通过计算分析得知,该方案是切实可行、稳妥安全的。

1)地面托换

①对开挖基坑进行围挡,对天桥作临时支撑,以保证安全。

②人工配合机具开挖基坑,扩大、加深既有承台面积。按分层开挖方式,随挖随护,采用锚杆网喷混凝土20cm护壁,并增加一道腰梁和横撑,采用40c槽钢。开挖过程应注意对临道热力管沟(2 200mm×

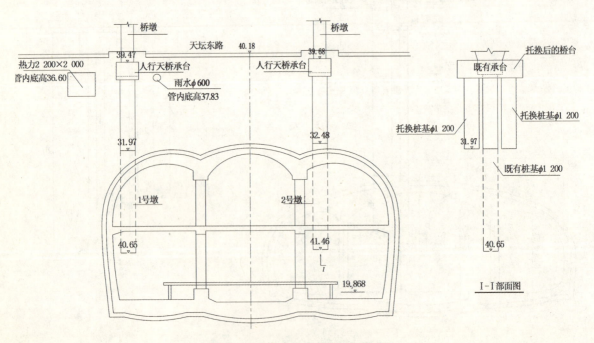

图6 109中学天桥与车站结构关系图

2 000mm)及φ600雨水管进行保护。

③当开挖到设计标高后,施作基坑排水系统。

④开挖桩基,桩基设计直径1.2m。开挖分层为50cm,开挖第一层施作锁口混凝土,依次向下开挖并及时施作护壁混凝土,混凝土护壁采用20cm厚。

⑤当开挖到设计标高后,安放钢筋笼,浇筑桩身混凝土。

⑥而后施作托换后承台,当混凝土强度达到要求后,拆除临时支撑。

⑦施工中对既有承台掏空,应随挖随用混凝土预制块予以支顶。

⑧注意雨期施工问题,避免雨水浸泡基坑,降低地基承载力。

2)隧道地下加固及截桩

①按中洞法施作车站主体时,当两侧跨洞室施工至距离桩基4m时,沿纵向施作超前小导管,注浆加固桩基周围土体,继续按中洞法短进尺、快封闭施工。

②当上台阶开挖露出桩身,采用在图示初期支护与桩基相交部分,向桩内植筋,并使所植筋与支护格栅焊在一起,使之成为整体。

③进行地面天桥处监控量测,待初期支护变形稳定后,进行主体结构范围内桩基凿除。

④加强监控量测,在该桩基上设置沉降观测点,严密观察桩基的沉降情况,保证施工处于受控状态。

(3)实施效果

109中学人行天桥桩基自2003年7月5日开

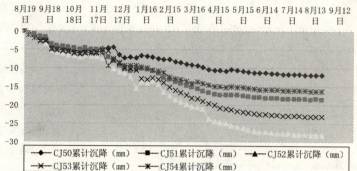

图8 109中学天桥监测数据时态曲线图

始沉降监测,2003年7月5日至2003年12月10日该桥5根桩基沉降速率及沉降值均较小,2003年12月10日至2004年3月31日CJ53、CJ52桩基沉降速率及沉降值开始增大,2004年3月31日至2004年5月23日各桩基沉降均已稳定,其中CJ50、CJ51、CJ54桩基沉降速率小于0.1mm,CJ53、CJ52桩基略有抬升(天桥监测布点及时态曲线图如图7、图8所示)。

该天桥CJ52桩基截至2004年8月23日累计沉降为28.05mm,沉降速率已经减少至稳定状态。

目前天坛东门站主体结构已施工完成,天桥沉降已经稳定,根据累计沉降、沉降速率、沉降差异分析,结构是安全的。

3.蒲黄榆–天坛东门区间穿越玉蜓立交桥区、天坛公寓天桥施工及双榆树–黄庄区间穿越中关村大街7号人行天桥施工

(1)概况

玉蜓立交桥为北京市二环主路上的连接城区与三环主路的大型立交桥,四跨连续梁结构,桩基基础,蒲黄榆–天坛东门区间左线隧道在K3+655~+685穿过玉蜓桥25号、26号桥桩之间,地铁在该里程以标准断面形式穿过两桥桩25号、26号间,隧道开挖轮廓距离桥桩最小距离1.05m,25号、26号桥桩底分别比地铁结构底低9.0m和3.0m。如图9所示。

蒲黄榆–天坛东门区间左线隧道在K4+090处通过天坛公寓天桥施工,公寓天桥桩基钻孔灌注桩的桩底标高为23.0m,区间隧道的拱顶标高为25.115m。左线开挖边线距天坛公寓天桥桩基最近距离为2.6m,如图10所示。

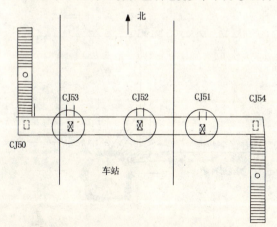

图7 109中学天桥监测布点示意图

工程实践

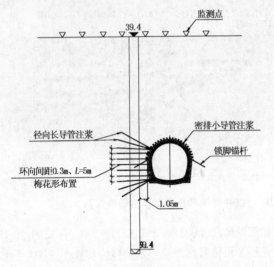

图9 区间隧道穿越玉蜓桥桩基洞内加固示意图

北京地铁四号线双榆树－黄庄区间右线于K20+167处和区间左线于K20+165.63处穿过中关村大街的7号人行天桥,该桥为工形钢结构天桥,上部结构为三跨简支结合梁,基础为桩基础,直径为1 000mm。该桥的一根桥桩位于区间右线隧道顶部,距离隧道顶部的距离为1 485mm。区间左线中心距离左侧的桥桩中心7.89m,区间左线开挖面距离桥桩最近距离为4.28m。

该处区间断面为标准断面,隧道拱部埋深13.865m,隧道所开挖断面上台阶处于砂卵石地层,下台阶处于粉质黏土地层。

(2)实施方案

上述三座桥梁桩基均与地铁隧道结构距离较近,在专家对实施方案进行论证的基础上,施工方案基本类似,下面以双榆树－黄庄区间穿越中关村大街

7号人行天桥施工过程为例对该类通过天桥的实施方案加以说明:

①在区间隧道右线通过7号人行天桥桩基之前(在区间隧道施工至K20+172之前),在桥面下设置碗扣型脚手架,南北向间距0.6m,东西向间距0.3m,对桥桩中心东侧2.5m、西侧1.5m范围内进行支撑,同时做好交通导流措施,保证交通安全。

②在区间隧道右线通过白颐路7号过街天桥桩基之前(在区间隧道施工至K20+172之前),对白颐路7号过街天桥采取封闭措施,禁止人员从天桥上方通过。

③在距离桥桩前后各10m的范围内(K20+157~K20+177),格栅钢架间距为500mm,喷射混凝土的厚度相应调整为300mm,采用台阶法施工,临时仰拱采用I20a工字钢+钢筋网($\phi 6$、150mm×150mm)+喷混凝土(30cm厚)及时封闭。

④在距离桥桩前后10m的范围内,超前小导管支护改为每榀格栅拱架打设一次,小导管间距由原设计300mm变化为200mm,同时小导管的长度由原设计的3.0m变化为2.0m。布设范围由原来的拱部150°设置变为拱部及拱脚以下边墙设置,同时采用改性水玻璃注浆加固。

⑤距离桥桩前后各5m的范围内,每榀拱架增加设置一排大角度的$\phi 32$小导管对周边地层进行注浆加固,导管间距200mm,打设角度30°~60°,打设范围为拱部150°范围,导管长度3.0m,注改性水玻璃对天桥桩底地层进行加固。

⑥在隧道开挖时,每隔3~5m预留一环背后回填注浆管,下台阶封闭成后及时进行背后回填注浆,

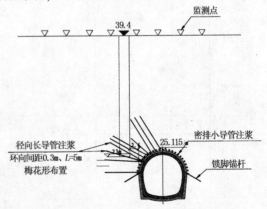

图10 区间隧道穿越天坛公寓天桥桩基洞内加固示意图

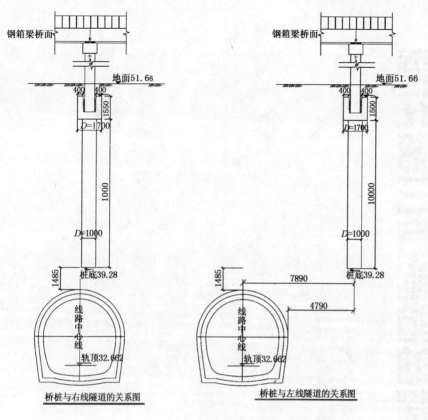

图11 中关村大街7号人行天桥桥桩与区间隧道的关系图及地面支撑图

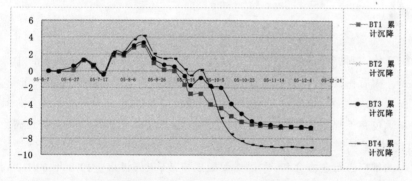

图12 7号人行天桥监测时态曲线

注浆采用水泥砂浆。

⑦加密监测频率，区间隧道在过桥桩前后各5m（K20+162~K20+172）施工过程中，监测频率为2次/天，如沉降偏大应继续增大监测频率并及时反馈停止施工，如沉降不大且区间隧道施工通过该段（K20+162~K20+172）后，监测频率可变为1次/d。

(3) 实施效果

目前，地铁隧道均已经从玉蜓桥、天坛公寓天桥及中关村大街7号人行天桥安全"渡"过，从监控数据得知，各桥梁结构稳定、安全。以7号人行天桥监测数据为例：

7号过街天桥沉降利用四个测设点位：BT1、BT2、BT3、BT4号点，其中以BT4号点最大，截止2005年12月14日累计沉降为−9.04mm（监测时态曲线如图12所示），处于安全控制范围（−15mm）之内，沉降量主要集中在区间隧道过桥桩期间。从10月2号开始到10月16号期间，BT4号点位共沉降−7.67mm，占总沉降的80%，目前该测点沉降速率小于0.1mm/d，已经稳定。

四、结论

(1) 以上各类桥梁设施目前均已经安全通行，根据监测，各桩基累计沉降、沉降速率、沉降差异分析，桥梁结构是安全、稳定的，充分说明采用相应的技术措施可以保证桥梁设施的安全。

(2) 必须重视监控量测，严密观察桥梁基础的沉降情况，保证其处于受控状态。

(3) 施工前一定要进行详细的调查，掌握桥梁基础的结构形式，与暗挖隧道的相对关系，及目前的状态，并制定相应的保护措施和应急抢险预案，比如在桥梁下方用密排碗扣式脚手架进行支顶、疏导人流禁止通行、布置抢险物资等措施，确保施工中的安全。

工程实践

关于EPC无损检测委托第三方检验的探讨

(中国天辰化学工程公司施工管理部,天津 300400)

◆ 高金成

我国从20世纪80年代开始,在化工、石化等行业进行工程总承包的试点,随后在其他行业推广,至今已有20多年历史了。2003年2月,原建设部印发了《关于培育发展总承包和工程项目管理企业的指导意见》(建市[2003]30号),政府主管部门对工程总承包进行了大力的推广,行业协会和高等院校也进行了大量的理论研究和专业人才培训,2005年还发布了《建设项目工程总承包管理规范》(GB/T 50358—2005)。可以说,工程总承包在我国已有了长足的发展,我们天辰公司也取得了可喜的成绩。

目前,"入世"过渡期满,外国工程公司进入中国建设市场数量增加,市场竞争日益激烈。然而,国内的工程总承包尤其是EPC总承包管理尚存在许多有待解决的问题。笔者就我们公司在项目管理上无损检测方面存在的问题作些分析探讨。

众所周知,焊接结构在我们工程项目中广泛应用,从钢结构、压力管道、储罐到球罐等等,而且向着高参数、大型化方向发展,工作条件日益苛刻、复杂。显然,这些焊接结构必须是高质量的,否则,运行中容易出现松动、脱落、爆裂甚至爆炸而酿成事故,损失惨重。1978年6月28日,上海某热电厂供热管道发生爆炸,原因是焊后检查不严,未焊透达深度的80%。1979年10月14日,辽宁某化纤厂盛氨球罐水压试验时爆裂,原因是焊接检验时漏检裂纹。据国家质量技术监督局统计,2003年一年内,我国共发生各类压力容器爆炸事故144起,直接经济损失达1 486.33万元。诚然,迅速发展的现代焊接技术,已能在很大程度上保证其工件质量,但由于焊接接头是一个性能不均匀体,应力分布又复杂,制造安装过程做不到绝对不产生焊接缺陷,更不能排除在役运行中出现新缺陷。

为了控制工程焊接质量,我们公司工地现场采用了无损检测技术。无损检测通常有射线探伤、超声探伤、磁粉探伤、渗透探伤、涡流探伤等等。运用这些探伤方法,可以有效地发现焊接接头中横向裂纹、纵向裂纹、弧坑裂纹、放射状裂纹、枝状裂纹、间断裂纹、球形气孔、均布气孔、密集气孔、链状气孔、条形气孔、虫形气孔、夹渣、夹钨、内凹、内咬边、未熔合、未焊透等多种缺陷。

当前,我们公司大部分项目管理上是将无损检测和施工作业捆绑,无损检测公司和我们没有直接的合同关系,而是和施工方签合同。这种捆绑式管理存在不少弊端。

(1)由于检测公司是和施工方签合同,只能间接获得进度款,而施工方往往拨款不到位或者不及时,造成诸多矛盾。要么检测故意滞后影响进度,要么两者关系恶化。我们公司某一现场就有一个检测公司由于进度款不到位,消极怠工遗漏检测项目,导致水压试验无法如期进行。

(2)有的施工方由于不了解无损检测工作特点,制定不出合理的探伤结算方式,造成矛盾重重。在我们公司某一现场,施工方对检测工作采用了包干方式。所谓包干就是把某一区域包给检测公司,一次性结清检测费用。这种方式根本不可取。比如射线探伤发现缺陷后,焊工返修完毕要重新检测,有的依据标准还要增加检验。那么相对于一次检测合格来说是增加了工作量的,然而这部分增加的费用由于是包干的结算方式就由检测公司承担了。也就是说,施工方不合格的数量越多,检测公司增加的费用就越多。这种不合理的结算方式导致了检测公司的心理不平衡,要么主动放过缺陷,不再增加延伸检验,造成质量隐患,要么就和施工队伍拳脚相向。我们公司某一现场就发生过此类暴力纠纷,造成后续工作被动。实际上,根据无损检测工作特点和国家定额预算,应该和无损检测公司定量进行结算。比如按照国家定额,X射线检测一张底片60元,这个区域共检测100张底片,那就付给6 000元。超声波、渗透、磁粉是按照米数计算的,分别是每米45元、30元、30元,

最终依据检测报告按照工作量结算。这里还存在一个问题,如果按照工作量结算,那么检测公司故意增加工作量怎么办?这个问题很好解决,我们严格执行设计和图纸规范及业主要求的检验比例,超出部分由检测公司自行负担。

(3)更应引起注意的是,施工方作业完毕,有的是由其自带的无损检测部门进行检测的。这给我们EPC制造了一定的风险,那就是同一个施工单位下的两个部门出于共同的利益联合作弊。作弊一旦实施,我们的质量控制体系将不易发现,势必造成隐患。

我们在这里就无损检测中最重要的检测——射线探伤作业进行讨论。

射线探伤的实质是根据被检工件与其内部缺陷介质对射线能量衰减程度不同,而引起射线透过工件后的强度差异,使缺陷能在射线底片上显示出来。底片的标识内容包括工程号、装置/单元号、管线号(设备号)、焊缝号、片位号、焊工号、规格厚度、透照日期等编排。这些标识一般采用铅字码事先编排好,射线作业时置于底片袋上(袋中装底片),然后通过射线照射投影在底片上,形成标识。射线探伤完毕,探伤人员将其回收,可以反复使用,在所拍摄过的焊接位置射线照射后不会留下任何痕迹。

这就给施工单位作弊留下了可乘之机。根据材料中的介质、温度、压力、图纸规范等要求有各种检测比例,只要不是100%的检测,他们就挑选出焊接技术水平比较好的焊工所焊的焊口,或者暗地授意焊工专门认真施焊几道焊口,然后下发委托给探伤部门。由于他们隶属于同一个公司,出于共同的利益,探伤部门根本不会拒绝,检测结果一般都不会太差。但是,那些焊接技术水平一般的焊工所焊的焊口,那些没有进行认真施焊的、最容易出现缺陷的焊口却被人为故意地漏检了,使检验失去了意义,这已成为业界最为头疼的顽疾之一。我们接触到大部分业主为了防止此类情况发生,都要求由监理指定检验位置,俗称"点口",就是随机,点到哪只焊口就检验哪只焊口,不准施工单位自行检验。但由于各种原因,这一规定不易执行到位。事实上,就

算执行到位,检测队伍照样可以拍摄非监理指定的焊口,只要把监理指定的焊口字码编排好,照样拍摄事先自行安排的焊口就可以了,因为射线照射后不会留下任何痕迹。这样的话,监理只是指定了焊口字码罢了,使得这一规定也失去意义。倘若费用结算方式不是以底片数量结算,而是包干,也可以不用检测本应增加的焊口而减少支出。如果其拥有承担风险的足够信心,在公司进度的巨大压力下铤而走险,就会放过缺陷。通常的做法是销毁底片。这就是重度包庇。

(4)给准确掌握工程质量状况带来困难,有的施工单位在统计上报焊接工程无损检测合格率时报喜不报忧,示意检测公司将不合格底片隐藏甚至销毁,只将合格底片报告提交,象征性地反映几道不合格焊口,以确保合格率在所谓的98%以上或者更高,统计合格率成了施工单位把玩于掌股之间的数字游戏,我们EPC很难把握真实的焊接质量情况。

2004年11月,国内某座功率为100万kWh的大型核电站在1号常规岛管道试压过程中,发现一个管线有一只对接焊口漏焊而向外大量喷水,本来应该是质检员检查不到位失职而造成的。一路追查下来,居然发现这个根本还没有焊接的焊口居然是探伤底片、探伤报告一应俱全。施工队伍和自己的探伤部门联合作弊的严重程度达到了令人无法想象的地步。我们天辰公司的工程现场也发现有施工队伍作弊现象,某一工地,有几段管线依据标准要求需要作射线探伤,由于管线已经起吊在16m左右位置,探伤作业不便。于是施工队伍安排了一名焊工在地面施焊了几道焊口,然后让探伤队伍把字码编排好,就在地面拍摄完事。又依据SH 3501—2002,检验焊口数量中固定口检验比例需达到40%,一施工队伍安排探伤公司用不易出现缺陷的焊接活动口代替。最后被查出补探,但是进度受到了严重影响,后续的保温工作进度被搁浅。

那么,施工单位为什么要作弊呢?一来可以偷懒:他们的焊工队伍可以对自己放松要求,对不受检的焊口可以心不在焉地作业,随意违章施焊。二来抢进度,将一些工序如坡口组对、除锈、焊接过程缺陷修补等简化或者忽略,抛开质量只要数量。这样一来我们EPC承担的质量风险将大大增加。三是可以逃避本应承担的不合格补充检测费用。对于管道探伤,根据GB 50235—97,若某焊工一道焊口不合格,返修重新检验合格后,要加倍该焊工两道焊口检测。若返修后仍然不合格,应对该焊工所施焊的所有焊口进行检测。对于立式储罐,根据GB 50128—2005,若底片上缺陷距离端部小于75mm,则必须延伸增加检测。但是有的施工单位和检测公司联合起来,提交虚假合格的探伤底片和报告,则"合理"回避了标准规范。

我们公司某一项目,也是施工方自带的检测部门自行检验。该项目业主对此无损检测管理模式主观上存在着不信任的成分,指定了自己的第三方检验公司,对现场的无损检测进行监督。他们到处抽检,随意拍片,我们的工作处处被动。如果我们先业主采用第三方检验,则可以大大改善被动局面。

而且,作为最终用户的一些业主方为了保证焊接工程质量,对我们EPC总承包商也提出了要求,施工方不得和无损检测公司有任何隶属关系,不得签订合同,必须由EPC总包负责无损检测管理工作。

目前,借鉴国外总承包工程项目管理模式,借助第三方检测已经成为市场发展的潮流。我们EPC可以指定第三方检测公司,直接与其签定合同,从根本上割除施工和检测的暧昧关系,能有效降低EPC总承包承担的质量风险。

综上所述,建议各项目将无损检测管理单独列出,进行招投标工作。仔细审查一批无损检测公司资质、人员资质,了解和掌握他们的真实技术水平和职业道德规范,选择合格的、可信赖的、有实力的无损检测公司,作为第三方检测队伍。加强管理,统筹安排,以利于切实加强内部风险防范和质量控制体系的建立、健全和完善我们的管理手段,体现总包的协调和整合能力,既缩短工期又保证质量,迎接来自国内外工程公司的挑战和发展业务的需要,将公司做大做强。

关于软土地区输气管道抗浮计算的初步探讨

◆ 司建国，胡树林，王全占

(中国石油集团工程设计有限责任公司华北分公司，河北 任丘 062552)

摘 要：本文主要针对软弱土地区输气管道施工后可能上浮的现象进行探讨，了解软弱土地区管道上浮时的边界条件，为管道抗浮设计及计算提供理论依据，对于以后软弱土地区管道抗浮设计及勘察具有指导意义。

关键词：软弱土，管道，抗浮，重塑土，抗剪强度，灵敏度

一、前言

广东珠海–中山天然气管道工程所经地区地貌单元以海积冲积平原为主，间有丘陵地貌，滨海及各水道出海口处分布有沙堤、沙地。

海积冲积平原地貌特征表现为地势平坦、低平，高程一般小于 2m。平原上河网密布，北部河网密度可达 0.9~1.1km/km²。平原主要由西江以及北江所带来的泥沙在古海湾淤积而成，表层土质具有软弱、黏性大、有机质丰富的特点。平原上有过去古海湾内的岛屿形成的"孤丘"点缀。

该管道施工后，位于海积冲积平原上的软弱土地段的某段管道有明显的上浮迹象。为此，业主组织勘察、设计、施工及监理等有关单位对该段管道进行调查研究，并对其他软弱土地段管道是否上浮进行了可靠性分析计算。

二、该地区软弱土的性质

根据该工程的岩土工程勘察资料，该地区的海积冲积软弱土的厚度一般为 3.0~12.0m，地下水位埋深一般为 0.3~0.5m，具有典型的不均匀性、触变性、低强度和低透水性。其天然含水量一般为 44%~65%，天然密度为 $1.47×10^3$~$1.78×10^3 g/cm^3$，单桥静力触探 p_s=0.1~0.4MPa。

三、管道上浮段现状及抗浮计算

发现管道上浮时，距管道施工约两周时间。经过现场量测，管道上覆土层厚度仅 0.2~0.3m，即将裸露于地表，严重影响管道以后的运营安全。管道上浮段沿线没有明显的地形隆起现象。另外，距管道约 12.0m 的地方有新建公路，根据调查公路建设单位，该段公路系采用抛石挤淤法建设的，在公路采用抛石挤淤之后约三天，对该段管道进行施工。另外，据施工单位介绍，该段管道施工时管沟难以成形，边坡坡度达 1:10，当管子被吊装至沟内时，由于淤泥淤积，管子不能下沉至设计预定的管沟底部，后采用人力掏挖的方式下沉管道，随后即用掏挖出的软弱土回填管沟至自然地平。

根据以上调查了解，管沟内回填的淤泥质土由于受扰动已形成"糊状""胶体物"，此时土体对管道的浮力不能简单地只考虑地下水的浮力，而应以"胶体物"的浮力作为计算依据，其浮力要大

于地下水的浮力。另外,管道施工后,管沟的一侧施工便道处由于机械、人力的挤压作用,使管沟一边的土体向管沟内侧向滑动和挤出,同样易引起管道上浮。

同时,为便于掌握该类软弱土"胶体物"的灵敏度,现场分别进行了6组原状土及重塑土的抗剪强度试验(十字板剪切试验),根据试验结果计算灵敏度 S_t 一般为3.9~7.2。由此可知,该类软弱土经扰动后强度非常低,力学性质很差。

由此,我们假定淤泥质土扰动后形成的"胶体物"抗剪强度为零,此时管道只受"胶体物"的浮力和管道本身的重力。其抗浮计算可按下式计算(计算简图详见下图):

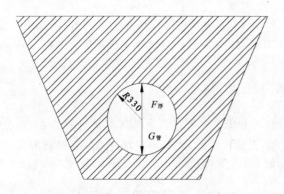

$$F_{浮}=\pi R^2 \gamma_{土} \quad (\sim 1)$$

$$F_{抗}=2\pi R\Delta\gamma_{铁} \quad (\sim 2)$$

式中 $F_{浮}$——管道所受浮力;

$F_{抗}$——管道抗浮阻力;

$\gamma_{土}$——土的重度;

R——管道半径;

Δ——管道壁厚。

根据现场对淤泥质土扰动后形成的"胶体物"进行重度试验,$\gamma_{土}$ 介于 14.2~15.6kN/m³,以单位长度为计算单元,管道的浮力和抗浮阻力分别计算如下:

则 $F_{浮}=3.14\times 0.33^2\times 14.9$
  $=5.095\text{kN}$

$F_{抗}=2\pi R\Delta\gamma_{铁}$
  $=2\times 3.14\times 0.33\times 0.012\times 78$
  $=1.938\text{kN}$

$F_{浮}>F_{抗}$,管道上浮。

针对这种情况,治理管道上浮时依据以上计算结果进行配重设计。目前该段管道运营状况良好,未出现类似管道上浮的异常情况。考虑到虽然该段软弱土力学性质很差,且灵敏度较高,为了便于计算,$F_{抗}$ 仅考虑管道自重,而未考虑上覆土层抗剪阻力。

四、非上浮段管道抗浮验算

为了便于掌握各软土段的力学性质,我们首先在非上浮软土段有代表性地取5组软弱土进行试验,现场分别进行了10组原状土及重塑土的抗剪强度试验(十字板剪切试验),根据试验结果计算灵敏度 S_t 一般为2.4~4.5。另外,该组软弱土的重塑土抗剪强度也明显比"胶体物"状的软弱土高一些,其他力学性质相对稍好一些。因此,在进行抗浮验算时,有必要考虑经扰动后回填至管沟内填土的抗剪切破坏阻力。

从理论上定性分析:管道刚施工时,由于软弱土的高触变性,管道施工后软弱土的强度更低,抗剪强度也进一步减小,造成管道上覆土层的抗浮阻力减小,易引起管道上浮。随着管道上覆软弱土的逐渐固结,其强度及密实程度均有所提高,对于管道抗浮产生有利影响。另外,管道施工刚结束时,由于软弱土的低渗透性,管沟内的积水来不及消散,管沟处将形成相对较高的地下水位,这必将使上覆土层有效土重降低,同样易引起管道上浮。随着管沟处的地下水位回落,上覆有效土重增加,必将对管道抗浮产生有利影响。

基于以上分析,管道刚施工结束时将是管道上浮的最不利时候。因此,管道抗浮计算当以管道刚施工后的状态和边界条件作为计算依据,即地下水位宜取刚施工后的高水位,抗剪强度指标宜取软土经扰动后的指标。

为便于管道抗浮计算,作出以下假设:因该地区饱和软弱土以黏性土(淤泥质粉质黏土、淤泥质黏土)为主,假设管沟内管道上覆土体(近似为重塑土)的内摩擦角 $\varphi\approx 0$,此时抗剪切破坏面近似为垂直。

根据以上假设,以单位长度(取1.0m管道长度)

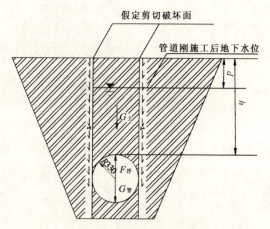

为计算单元,管道的浮力和抗浮阻力分别计算如下(计算简图详见上图):

$$F_{浮}=\pi R^2 \gamma_水 \qquad (\sim 3)$$
$$=3.14\times 0.33^2 \times 10$$
$$=3.419kN$$

$$F_{抗}=2\tau\times(h+R)+d\gamma+[2R(h+R-d)-1/2\pi R^2]\gamma_{浮}+2\pi R\Delta\gamma_{铁} \qquad (\sim 4)$$
$$=2\times 0.75\times 1.13+0\times 15.2+5.2\times[2\times 0.33\times(1.13-0)$$
$$\sim 0.5\times 3.14\times 0.33^2]+2\times 3.14\times 0.33\times 0.012\times 78$$
$$=6.624kN$$

式中 $\gamma_水$——水的重度;

τ——重塑土的抗剪强度,本次计算取试验结果的平均值,取0.75kPa;

h——管顶埋深,按实际管顶埋深0.80m进行计算;

d——刚施工后管道处的地下水位埋深(考虑软土区地下水位较浅,施工后将形成短时间的高地下水位,按最不利因素考虑,本次取0m);

$\gamma_浮$——土的浮重度,本次取5.2kN/m³;

$\gamma_铁$——钢材的重度,取78kN/m³。

根据计算,$F_{浮}<F_{抗}$,且安全系数$F_{抗}/F_{浮}=1.94$,不会发生管道上浮现象,不需要进行管道配重设计。

五、总结

1.经过该管道的抗浮验算,针对软弱土地区管道应如何进行抗浮计算不应一概而论,而应根据软弱土的性状区别对待,比如,进行计算时可以根据软弱土的灵敏度的大小(根据本项目试验情况,可以按灵敏度大于4.0和小于4.0分为两类)分别采用不同的公式计算,针对灵敏度大于4.0的软弱土,可以采用式(~1)和式(~2)进行计算并确定是否配重;而灵敏度小于4.0的软弱土,可以采用式(~3)和式(~4)进行计算并确定是否配重。

2.软弱土地区的管道抗浮计算对管道勘察提出了更高的要求。这就需要我们勘察时不仅采用原位测试等手段,还需要有针对性地进行物理力学性质指标的测试,为管道抗浮计算提供依据。

六、结束语

由于软弱土的物理性质的千差万别,包含物的多种多样,本文仅根据灵敏度的大小初步提出了管道抗浮计算公式和计算方法。至于是否可以根据其他物理力学性质指标对软弱土进行分类,并建立相应的计算模型,然后分别采用适宜的公式进行抗浮计算,有待于进一步研究和探讨。

换填垫层厚度直接计算法

◆ 郭秋生[1], 张德民[2]

(1.大展实业有限公司, 北京 100026; 2.北京城市开发股份有限公司, 北京 100044)

众所周知, 换填垫层厚度一般采用试算法计算。即先假定垫层厚度, 然后按式(1)进行验算, 如不满足要求, 则再假定一个厚度, 直至满足式(1)要求为止。

$$p_{cz}+p_z \leq f_{az} \quad (1)$$

式中符号意义见《建筑地基基础设计规范》(GB 50007—2002)。其中

$$p_{cz}=\gamma_0 d+\gamma_{垫} z \quad (2)$$

$$p_z=\alpha \cdot p_0 \quad (3)$$

式中 α——地基附加应力系数。

条形基础 $\alpha = \dfrac{1}{1+2m\tan\theta} \quad (4)$

矩形基础 $\alpha = \dfrac{n}{(1+2m\tan\theta)(n+2m\tan\theta)} \quad (5)$

$$f_{az}=f_{ak}+\gamma_m(d+z-0.5) \quad (6)$$

或 $f_{az}=f_{ak}+\gamma_0 d+\gamma_1 z-0.5\gamma_m \quad (7)$

$$z=bm \quad (8)$$

显然, 按试算法计算不仅计算步骤繁琐, 而且不易求得经济合理的垫层厚度, 为此, 本文给出垫层厚度直接计算法。

一、方法原理

将式(2)、式(3)和式(7)代入式(1), 并注意到式(8), 经整理后得:

$$\alpha \leq c + \dfrac{b}{p_0}(\gamma_1-\gamma_{垫})m \quad (9)$$

其中 $c=\dfrac{1}{p_0}(f_{ak}-0.5\gamma_m) \quad (10)$

$$n=\dfrac{l}{p_0}$$

式中 γ_m——垫层底面以上土的重度加权平均值 (kN/m³);

d——基础埋置深度(m);

γ_0——埋深范围内土的重度(kN/m³);

γ_1——垫层厚度范围内天然土层重度, 地下水位以下取有效重度(kN/m³);

z——换填垫层厚度(m);

$\gamma_{垫}$——换填垫层重度(kN/m³)。

式(9)和式(1)是等价的。如将式(5)代入式(9), 则可求得 m 的解析表达式, 最后可按式(8)求得垫层

厚度z。但是，这种计算方法过于繁琐，不便应用。为此，我们采用图解法确定垫层厚度。

现来分析式(5)和式(9)，它们是联立方程组。式(9)是直线方程，其中c为直线在纵轴上的截距，$\frac{b}{p_0}(\gamma_1-\gamma_{垫})$为直线的斜率，式(5)是曲线方程，它们在直角坐标系中的图像的交点(m,α)即是方程的解。

为了利用图解法求解未知数m值，现建立直角坐标系(图1)，令m为横坐标轴，α为纵坐标轴。式(5)给出了α和m值之间的关系，只要n值确定，它的图像就确定了。因此，可以首先将方程(5)的曲线绘在直角坐标系中。而方程(9)的直线，则随已知条件的变化而变化。为了在坐标系中绘出这条直线，我们先求出在该直线上的两个指定点的坐标，即

当$m=0$时

$$\alpha_1=c=\frac{1}{p_0}(f_{ak}-0.5\gamma_m) \quad (11)$$

当$m=1.5$时

$$\alpha_2\leqslant c+\frac{b}{p_0}(\gamma_1-\gamma_{垫})1.5 \quad (12)$$

将点$(0,\alpha_1)$和点$(1.5,\alpha_2)$分别标注在左、右纵坐标轴上(图1)，并连以直线，则由直线与相应值的曲线交点就可求得未求知数m值。

为了应用方便，在制图时图1中的两侧的纵坐标值均放大了10倍，即$k_1=10\alpha_1,k_2=10\alpha_2$。

图1为中砂、粗砂、砾砂、圆砾、角砾、石屑、卵石、矿渣垫层厚计算曲线；图2为灰土垫层层厚计算曲线。

综上所述，现将按图解法确定垫层厚度的计算步骤总结如下：

(1)按下式算出k_1值

$$k_1=\frac{1}{p_0}(f_{ak}-0.5\gamma_m)\times 10 \quad (13)$$

(2)按下式算出k_2值

$$k_2=k_1+\frac{15b}{p_0}(\gamma_1-\gamma_{垫}) \quad (14)$$

(3)确定垫层厚度

在图1或图2的左右纵坐标轴上分别找到k_1、k_2值所对应的点，然后连以直线，从该直线与相应n值的曲线交点向上引竖直线，在横坐标轴上就可得出m值。于是，垫层厚度$z=mb$。

二、几个问题的讨论

1.γ_m的取值

按式(13)计算k_1值时需首先确定γ_m值，而γ_m值与垫层厚度z有关。因此，严格说来，应采用迭代法求解γ_m值。由式(7)可见，γ_m对f_{az}值的影响仅为$0.5\gamma_m$项，且它比其余各项对f_{az}值的影响程度要小。计算表明，若埋深和垫层范围内土的重度相差不大(当垫层范围内土不存在地下水时)时，则γ_m值可取它们的算术平均值计算垫层厚度，一般情况下可

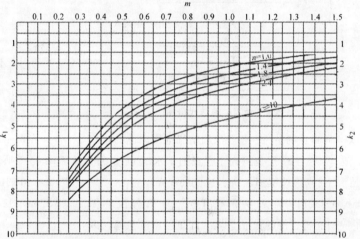

图1 换填垫层厚度计算曲线之一
(适用于中砂、粗砂、砾砂、圆砾、角砾、石屑、卵石、矿渣)

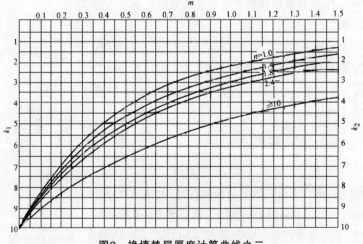

图2 换填垫层厚度计算曲线之二
(适用于灰土)

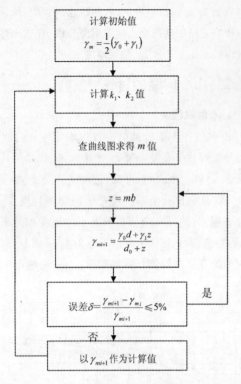

图3 计算γ_m的迭代步骤

以得到满意的结果。若埋深和垫层范围内土的重度相差较大(当垫层范围内土存在地下水时)时，一般情况下，则应按框图3所示迭代法计算γ_m值。

由式(13)可见，γ_m值取值愈大，k_1值愈小，由图1或图2所得的m值愈大，即垫层厚度愈厚。因此，为了简化计算，也可将γ_m值取得大一些，这样作是偏于安全的。

2. 验算换填垫层下地基承载力时自重压力的计算

验算换填垫层下地基承载力时，软土层顶面的自重压力应为埋深范围内土的自重和垫层自重所引起的压力之和。而不是天然土层自重压力之和。计算时应加以注意。

三、计算实例

[例题1] 某砖混结构住宅楼内墙基础埋深$d=H=1m$，相应于荷载效应标准组合时，上部结构传至基础顶面的竖向力$F_k=120kN$。地下水位在基础底面处，埋深范围内为杂填土，重度$\gamma_0=17.5kN/m^3$，基底下为软黏土，其承载力特征值$f_{ak}=50kN/m^2$，饱和重度$\gamma_1=17.8kN/m^3$。试确定换填垫层厚度和宽度。

[解] 采用中砂作为换填垫层材料，经深度修正后承载力特征值$f_{ak}=120kN/m^2$，饱和重度$\gamma_{垫}=19kN/m^3$。

(1)确定基础宽度

$$b=\frac{F}{f_a-\gamma H}=\frac{120}{120-20\times1}=1.2m$$

(2)计算基底附加压力

$$p_0=\frac{F_k+G_k}{b}-\gamma_0 d=\frac{120+1.2\times1\times20}{1.2}-17.5\times1=102.5kN/m^2$$

(3)计算土的重度初始值

$$\gamma_m=\frac{17.5+(17.8-10)}{2}=12.65kN/m^3$$

(4)计算系数k_1和k_2值

$$k_1=\frac{1}{p_0}(f_{ak}-0.5\gamma_m)\times10=\frac{1}{102.5}(50-0.5\times12.65)\times10=4.26$$

$$k_2=k_1+\frac{15b}{p_0}(\gamma_1-\gamma_{垫})=4.26+\frac{15\times1.2}{102.5}[(17.8-10)-(19-10)]=4.05$$

(5)确定垫层厚度

在图1的左、右纵坐标轴上分别找到$k_1=4.26$、$k_2=4.05$值所对应的点，然后连以直线，从该直线与相应$n\geq10$的曲线交点向上引竖直线，在横坐标轴上得出$m=1.22$。于是，垫层厚度

$$z=mb=1.22\times1.2=1.46m$$

取$z=1.5m$。

(6)计算$(d+z)$范围内土的重度加权平均值为

$$\gamma_m=\frac{\gamma_0 d+\gamma_1 z}{d+z}=\frac{17.5\times1+7.8\times1.5}{1+1.5}=11.68kN/m^3$$

误差$\delta=\left|\frac{\gamma_{mi+1}-\gamma_{mi}}{\gamma_{mi+1}}\right|=\left|\frac{11.68-12.65}{11.68}\right|=8.3\%>5\%$，不符合要求。

(7)进行第2次迭代求重度加权平均值

将本次所得的$\gamma_m=11.68kN/m^3$代入式(13)中，得

$$k_1=\frac{1}{p_0}(f_{ak}-0.5\gamma_m)\times10=\frac{1}{102.5}(50-0.5\times11.68)\times10=4.31$$

而$k_2=k_1+\frac{15b}{p_0}(\gamma_1-\gamma_{垫})=4.31+\frac{15\times1.2}{102.5}[(17.8-10)-(19-10)]=4.1$

由图1查得$m=1.2$，于是，垫层厚度为$z=1.2\times$

$1.2=1.44\text{m}$。取 $z=1.45\text{m}$。这时

$$\gamma_m = \frac{\gamma_0 d + \gamma_1 z}{d+z} = \frac{17.5 \times 1 + 7.8 \times 1.45}{1+1.45} = 11.76\text{kN/m}^3$$

$$\delta = \left|\frac{\gamma_{mi+1} - \gamma_{mi}}{\gamma_{mi+1}}\right| = \left|\frac{11.76 - 11.68}{11.76}\right| = 0.94\% < 5\%,\text{符合要求}。$$

故 $z=1.45\text{m}$ 为最后垫层厚度。

(8) 验算

$$\gamma_0 d + \gamma_{\text{垫}} z + \frac{bp_0}{b+2z\tan\theta}$$

$$= 17.5 \times 1 + (17.8-10) \times 1.45 + \frac{12 \times 102.5}{1.2 + 2 \times 1.45\tan 30°}$$

$$= 71.6\text{kN/m}^2$$

$$f_{az} = f_{ak} + \gamma_m(d+z-0.5)$$

$$= 50 + 11.76 \times (1+1.45-0.5)$$

$$= 72.93\text{kN/m}^2 > 71.6\text{kN/m}^2 (\text{计算无误})$$

(9) 计算垫层宽度

$$b' = b + 2z\tan\theta$$

$$= 1.2 + 2 \times 1.45 \times \tan 30°$$

$$= 2.87\text{m}$$

取 $b=2.9\text{m}$

[例题 2] 钢筋混凝土框架柱基础,相应于荷载效应标准组合时,上部结构传至基础顶面的竖向力 $F_k=358\text{kN}$,基础埋深 $d=H=2\text{m}$。埋深范围内为人工填土,其重度 $\gamma_0=16.5\text{kN/m}^3$,基底下为很厚的新近代黏性土,重度 $\gamma_1=17.5\text{kN/m}^3$,承载力特征值 $f_{ak}=70\text{kN/m}^2$。

[解] 采用灰土作为换填垫层材料,经深度修正后承载力特征值 $f_a=185\text{kN/m}^2$,饱和重度 $\gamma_{\text{垫}}=18.5\text{kN/m}^3$。

(1) 确定基础宽度

$$l=b=\sqrt{\frac{F_k}{f_a-\gamma H}}$$

$$=\sqrt{\frac{358}{185-20\times 2}}=1.57\text{m}$$

取 $l=b=1.6\text{m}$

(2) 计算基底附加压力

$$p_0 = \frac{F_k+G_k}{lb} - \gamma_0 d$$

$$= \frac{358+2.56\times 2\times 20}{1.6\times 1.6} - 16.5\times 2$$

$$= 146.8\text{kN/m}^2$$

(3) 计算系数 k_1 和 k_2 值

$$\gamma_m = \frac{\gamma_0 + \gamma_1}{2} = \frac{16.5+17.5}{2} = 17\text{kN/m}^3$$

$$k_1 = \frac{1}{p_0}(f_{ak}-0.5\gamma_m)\times 10$$

$$= \frac{1}{146.8}(70-0.5\times 17)\times 10 = 4.19$$

$$k_2 = k_1 + \frac{15b}{p_0}(\gamma_1 - \gamma_{\text{垫}})$$

$$= 4.19 + \frac{15\times 1.6}{146.8}(17.5-18.5) = 4.03$$

(4) 确定砂垫层厚度

在图 2 的左右纵坐标轴上分别找到 $k_1=4.19$、$k_2=4.03$ 值所对应的点,然后连以直线,从该直线与相应 $n=1.0$ 的曲线交点向上引竖直线,在横坐标轴上得出 $m=0.52$。于是,垫层厚度

$$z=mb=0.52\times 1.6=0.832\text{m}$$

取 $z=0.9\text{m}$。

(5) 计算 $(d+z)$ 范围内土的重度加权平均值为:

$$\gamma_m = \frac{\gamma_0 d + \gamma_1 z}{d+z}$$

$$= \frac{16.5\times 2 + 17.5\times 0.9}{2+0.9} = 16.81\text{kN/m}^3$$

$$\approx 17\text{kN/m}^3 (\text{符合要求})$$

(6) 验算

$$\gamma_0 d + \gamma_{\text{垫}} z + \frac{blp_0}{(b+2z\tan\theta)(l+2z\tan\theta)}$$

$$= 16.5\times 2 + 18.5\times 0.9 + \frac{2.56\times 146.8}{(1.6+2\times 0.9\tan 28°)^2}$$

$$= 107.12\text{kN/m}^2$$

$$f_{az} = f_{ak} + \gamma_m(d+z-0.5)$$

$$= 70 + 16.81\times (2+0.9-0.5)$$

$$= 110.34\text{kN/m}^2 > 107.12\text{kN/m}^2 (\text{计算无误})。$$

(7) 计算垫层宽度

$$b' = b + 2z\tan\theta$$

$$= 1.6 + 2\times 0.9\times \tan 28° = 2.56\text{m}$$

取 $b'=l'=2.6\text{m}$

参考文献:

[1] 建筑地基基础设计规范 (GB 50007-2002)[S]. 北京:中国建筑工业出版社,2002.

工程实践

施工项目成本控制刍议

◆ 辛允旺

(河北省秦皇岛市建设工程交易中心，河北 秦皇岛 066000)

摘　要：我国施工企业成本控制水平高低是企业竞争力的重要保证之一，施工项目的成本控制是施工企业成本控制的重要内容。施工项目成本控制需遵循一定的原则和切实的办法，本文就此进行一些论述。

关键词：项目成本，控制原则

目前，施工企业要适应改革开放、搞活经济的新形势、新环境，在市场经济的大潮中寻求时机，敢于竞争，以自身的优势占领大市场中的一席之地，在激烈的市场竞争中求生存、求发展。所以，提高施工项目的成本控制水平是转换企业经营机制的关键，是提高施工企业竞争力的重要保证之一。

施工项目的成本控制，是指在项目成本的形成过程中，对整个工程施工过程中所消耗的人力资源、物质资源和费用开支进行指导、监督、调节和限制，及时纠正施工项目实施中发生的偏差，把各项生产费用控制在计划成本的范围之内，以保证成本目标的实现。施工项目成本控制的目的，主要是降低项目成本，提高企业的经济效益。然而施工项目成本的降低，必须执行施工项目成本控制的原则并处理好几个环节。

一、成本控制的原则

1. 收支对比的原则

每发生一笔金额较大的成本费用，都要查一查有无相对应的预算收入，是否支大于收。在分部分项工程成本核算和月度成本核算中，也要仔细地进行实际成本与预算收入的对比分析，以便从中探索成本节超的原因，纠正项目成本的不利偏差，提高项目成本的降低水平。

2. 全面控制的原则

即项目成本的全员控制和项目成本的全过程控制。项目成本是一项综合性的指标，它涉及项目组织中各个部门、单位和班组的工作业绩，当然与每个职工的切身利益有关。施工项目成本的高低需要施工人员的群策群力、共同关心。工程项目确定以后，自施工准备开始，到工程竣工交付使用后的保修期结束，其中每一项经营业务，都要纳入成本控制的轨道。

3. 以施工过程控制为重点的原则

就是重点放在施工过程阶段，因为施工准备阶段的成本控制是为施工过程阶段的成本控制作准备的，而竣工阶段的成本控制由于盈亏已基本成定局，即使发生了偏差，纠正为时已晚。因此，施工过程阶段成本控制的好坏,对项目经济效益的高低具有关键的作用。

4. 目标管理原则

目标管理是贯彻执行计划的一种方法,它把计划的方针、任务、目标和措施等逐一加以分解,提出进一步的具体要求,并分别落实到执行计划的有关部门、单位和个人。在开工前的施工准备阶段,对整个工程施工都要认真细致地作出计划,对各职能部门、施工队及班组进行施工目标的安排落实,让参加施工的每位管理人员及生产者都做到心中有数,生产有目标,施工的整个过程有计划。

5. 节约的原则

节约人力、物力、财力的消耗,是提高经济效益的核心,也是成本控制的一项最主要的基本原则。一是严格执行成本开支范围、费用开支标准和有关财务制度,对施工过程中各项成本费用的支出进行限制和监督;二是提高施工项目的科学管理水平,优化施工方案,提高生产效率;三是采取预防成本失控的技术组织措施,制止可能在施工中发生的一切浪费。不管是什么形式结构的工程项目施工,要想提高经济效益,节约人力、物力、财力的消耗是重中之重,关键的关键,也是成本控制的核心。

6. 例外管理原则

不经常出现的问题称之为"例外"问题,水利工程称之为不可预见的问题。例如在工程施工中,本来材料价格是在计划和成本控制之中,但材料价格突然猛涨,超过了物价上涨指数,资金发生了失控现象等等。为避免此种情况的发生,可以采用科学系统的成本预测方法加以解决,根据市场随时变化的行情进行分析研究,在材料价格未暴涨之前把工程所需物料尽可能多进一些,以免造成更大的经济损失。

7. 责、权、利相结合的原则

要使成本控制方法真正发挥及时有效的作用,必须严格按照经济责任制的要求,贯彻责、权、利相结合的原则。在工程项目施工过程中,项目经理、工程技术人员、业务管理人员以及各施工队和生产班组都负有一定的成本控制责任,从而形成整个项目的成本控制责任网络。另外,各管理部门、施工单位、班组在肩负成本控制责任的同时,还应有成本控制的权力,即在规定的权力范围内能自主决定费用的开支。最后,项目经理还要对各部门、各作业队及各班组进行定期的成本检查和考评,并与工资分配紧密挂钩,实行有奖有罚。只有责、权、利相结合的成本控制,才是名实相符的项目成本控制,才能取得较好的经济效果。

二、项目成本控制主要内容和方法

1. 材料控制

施工所用的原材料费用占整个项目成本的比重最大,一般可达60%~70%,所以,材料成本的节约,也是降低项目成本的关键。在施工准备阶段按预算工程量及配合比先作出各种材料的用料计划,并把原材料的消耗率降到最低点。进料时选派可靠并富有经验的收料人进行把关,收料人不仅严把质量关,而且还严把进料数量关。当然,收料是有一定难度的,因为运料车辆也不统一,有汽运、拖拉机运、机动三轮车运,有的运料人总想在收料的数量上沾点光或玩弄虚方等。针对这些不利工程成本降低的因素,应采取相应的措施,比如,首先对不规矩行为进行批评教育;二是对不听劝阻的车主采取取缔拉料资格;三是安排专人在工地附近监视,发现问题及时制止处理,杜绝此类事情的发生。在堆放料物的地方,为防止施工现场的车辆碾压入土造成材料浪费,采取放料场地洒水压实的办法。为防止材料被盗,安排专职警卫人员日夜值班。为了降低材料价格,首先在进料前安排专人到有关料源场地调查了解行情,然后对料源价格、质量、道路进行综合分析对比,在保证质量的前提下,将价格最低、运距最短、道路及场地最好的定为用料的料源,以节约材料的成本。另外,为提高模板及零部件利用率,可以定时发动管理人员利用休息时间开展义务大回收活动,把工程所用的料物根据工程进展顺序分类搬运并摆放整齐,以提高料物的使用和周转率;不用的料物回收到指定地点,避免影响场地的整洁,这样,对降低材料的成本会起到积极的作用。

2. 人工费控制

在工程施工中可以采取以下几项措施来控制这

方面的成本：一是首先尽量控制施工人员的数量，尽量选择多面手的生产人员，提高生产效率，避免生产人员窝工怠工现象。二是采用多招用熟练的临时工，少用正式职工的办法。因为职工的工资+施工补助+夜班津贴+节假日加班等费用总和大于临时工支出的总费用，这也是降低成本的一项措施。三是执行本单位制定的奖罚制度，按多劳多得的分配原则，激励生产人员的积极性，对完成任务好、工作积极主动并做出较大贡献的人员实行大会表扬和奖励，并记入人事档案，作为以后考核、晋级的依据。对工作不负责任、完不成任务的，进行严厉的批评教育，并给予经济处罚。四是尽量减少管理人员，实行一人多岗多职，通过给他们压担子、加负荷，以提高管理及生产工效来控制成本。

3. 机械台班费控制

在施工中对工程所用的机械，可以采用以下方法：一是机械进场，根据工程施工的计划安排及施工项目的先后顺序，用时提前3d进场，最大限度地发挥机械效能，增加机械的运转率，减少机械的闲置，这样对施工场地也好安排。同时，根据实际工程进展情况尽量减少机械的台数，提高机械的利用率，以节约机械调迁费和使用费。二是实行机械租赁制，这样做的好处是租施工机械费用低，买机械支出费用高，这种办法既实用又经济。三是根据施工现场的实际情况，尽量用当地的网电作施工电源，不用发电机组发电（但发电机组必须进场，以在电网停电时作备用），因为自发电的成本比网电的电费高。四是对各种机械的操作人员在开工前进行短期的培训，使之更加熟练、规范地操作，防止降低机械的利用率。同时，在施工准备阶段要求各种施工机械的操作人员维修并保养好机械，易损件提前备好，施工中能始终保持机械的完好状态，最大限度地发挥机械的效能。

总之，在认真坚持施工项目成本控制原则的基础上，抓住项目成本控制的主要内容和目标并采用切实的办法，施工项目成本的优势就有可能保持。同时，不同的方法可以通过在不断的工程实践中加以检验，以证明其可行性。笔者认为，如果运用得当，不仅会切实降低施工项目成本，而且能够提高施工企业的经济效益，从而增强我国施工企业的市场竞争力。

起重机械必须"持证上岗"

为了加强建筑起重机械的安全监督管理，防止和减少安全生产事故，住房和城乡建设部出台了《建筑起重机械安全监督管理规定》，明确了建筑起重机械的租赁、安装、拆卸、使用及其监督管理的具体事项。该规定自今年6月1日起施行。

规定要求，出租单位出租的建筑起重机械和使用单位购置、租赁、使用的建筑起重机械应当具有特种设备制造许可证、产品合格证、制造监督检验证明。禁止擅自在建筑起重机械上安装非原制造厂制造的标准节和附着装置。规定明确，属国家明令淘汰或者禁止使用、超过安全技术标准或者制造厂家规定的使用年限、经检验达不到安全技术标准规定、没有完整安全技术档案和没有齐全有效的安全保护装置等五类建筑起重机械，不得出租、使用。

规定进一步明确了出租单位、安装单位、使用单位、建设单位、施工总承包单位、监理单位在建筑起重机械的租赁、安装、拆卸、使用等过程中的安全职责。同时指出，建设主管部门履行安全监督检查的职责。

挑战自然 向冬季要进度的探索与实践

◆ 龚建翔，郭素菊

(上海绿地集团长春置业有限公司，长春 130062)

摘　要：在我国北方地区由于特殊的气候条件，使房地产建设项目出现了施工周期长、开盘时间晚的状况，在一定程度上造成资金的时间价值有所增加。而由绿地集团长春置业有限公司开发建设的"上海广场"项目，由于科学的组织和有效的管理，克服了因气候影响而造成的不利因素，使工程实现了预期的进度和质量目标，从而实现了挑战自然，向冬季要进度的探索与实践。

关键词：冬期施工，控制措施，体会与启示

一、前言

随着我国产业政策的调整，房地产业作为国家支柱产业，成为拉动经济增长的主要方式。全国各地的房地产业如雨后春笋般迅速在各大、中城市崛起壮大。如何抓住机遇抢占市场，成为房地产业生存和发展的头等大事。由上海绿地集团在长春开发建设的总建筑面积为 5.8 万 m^2，高度为 99.8m 的大型公建项目"上海广场"，仅用 126d 就完成了地面以下两层近 1 万 m^2 的基础施工任务。其中有一部分地下工程的混凝土浇筑及外墙防水施工是在初冬季节的 11 月、12 月两个月里完成的，项目实现了"挑战自然，向冬季要进度"的实践与探索。

二、问题的提出

我国的吉林省位于地球的北温带上，属于严寒地区，也是世界上同一纬度最冷的地区之一，日平均气温低于 5℃ 达 145d 以上，由于特殊的气候条件，使房地产建设项目出现了施工周期长、开盘时间晚的现状，在一定程度上影响了项目的快速推进。如何保证工程的进度和质量均能够达到预期的目标，是摆在我们面前的一难题。

三、问题的分析与冬施的界定

造成冬季房地产开发进度迟缓的主要原因是气候的影响，由于气候的影响直接反映在冬施的成果上，所以要解决向冬要进度的问题，首先要解决冬施问题。《建筑工程冬期施工规程》对冬施期限的划分原则是：根据当地气象资料统计，当室外日平均气温连续 5d 稳定低于 +5℃，即进入冬施阶段。结合我国北方地区大、中城市气温的统计资料，对长春冬施界定为 –1℃ 即进入冬期施工阶段。在实际操作中，由于北方的冬季需要采暖，也通常把政府制定的正式采暖日(即当年 10 月 25 日至第二年的 4 月 1 日)作为另一个界定冬施起止时间的相关控制指标。

四、解决冬施问题的具体措施

1.组织措施

(1)在组织冬施的开始过程中我们组织并成立了以建设单位、施工单位、监理单位等相关人员组成的冬施领导小组，并制定冬期施工方案。让冬施的参与各方通过理性的认识，掌握冬施的机理和所要解决的主要矛盾。

(2)我们针对项目的组织者和参与者，以工程交底的形式进行专题培训。特别是根据施工企业的现状，有针对性地加强培训。由于我们所选用的施工队伍，是地处华东地区的施工企业，缺乏相应的冬施经验，所以在制定冬施的组织架构时，尽可能让一些有冬施经验的管理人员参与，组成强有力的项目管理班子。由管理班子制定相关的控制指标，并参与项目的全过程管理与控制。

2.技术措施

根据项目的实际情况，制定出具有针对性和可操作性的方案。通过有计划地组织安排施工顺序，合理地避开深冬季节所组织的室外作业(即元月一日至春节正月十五)，而在这期间利用对主体的封闭和外墙洞口的封堵这一措施，进行室内的无水作业，并要求操作人员在施工过程中严格按《冬施操作规程》进行操作。我们在"上海广场"项目的冬施中就采用了以下典型的冬施措施：

(1)在初冬时节，由于地下一层单体面积较大，

对于混凝土浇筑与养护采用了"综合蓄热法"进行施工(即在混凝土中掺入外加剂,并在浇筑后的混凝土外侧覆盖保温材料)。对外墙防水材料的铺粘采用了"暖棚法"进行施工。从11月1日起至12月25日止,共进行了近两个月的冬施。从浇筑完成的混凝土质量和地下室外墙防水卷材的铺粘及防水层保护墙砌筑的成果来看,均满足了设计和规范的要求。

(2)在冬施过程中,我们对个别单体面积较小的室内、外作业项目,通过采用外爬架及外脚手架搭设暖棚(即用篷布加保温材料对主体进行封闭),同时在棚内设置焦炭炉或电热器具等辅助热源,解决室内作业温度偏低的矛盾,进而完成棚内的施工作业。

(3)在"上海广场"的冬施中,我们通过对商品混凝土生产厂的全过程实施主动控制和事前控制,特别是对混凝土生产厂的操作人员加强监控和管理,使商品混凝土的生产在源头上得到有效控制,进而达到冬施的要求。

3.经济措施

在执行施工及监理合同的过程中我们采取了严格的奖罚措施,规范施工及监理人员的行为,把冬施的成果与企业效益及个人的收入挂钩,来实现工程的进度和质量目标。

4.合同措施

我们在制定施工及监理合同过程中,特别强调在冬施条款中,各方应履行的权利与义务,并对合同中涉及冬施的条款加以细化和分解,在实施过程中逐条落实。

五、向冬季要进度的几点体会

1.观念的转变

通过长春"上海广场"项目冬施的成果,让我们看到冬施的过程虽然存在一定的风险,但只要经过科学的组织和管理,是能够规避和降低风险的,其中关键在于我们参建各方如何从观念上进行转变。

2.成果分析

(1)通过对"上海广场"项目冬施的成果进行分析,从项目冬施开始的近两个月的时间里,我们完成了地下室一二层,约10 000m²的施工面积,和地面以上24根钢筋混凝土柱的施工任务,使我们的节点进度计划,不仅达到了集团公司年初所要求的目标,同时还有所超前。

(2)从"上海广场"项目冬施所进行的投入来看,在与施工单位签订合同时,并没有对冬施另外增加费用,而只是考虑按照实际的发生给予必要的越冬维护费用。从总体上讲实际费用增加较少,并没有突破项目的总体预算目标。

(3)从2007年度"上海广场"项目的冬施成果,让我们看到在2008年正月十五以后的一段时间里,随着气温回升到初冬时节的温度,我们还可以组织第二次冬期施工,以完成地上一层的主体施工任务,这样就可以使总工期提前两个月,为房屋的提前预售和资金的回笼创造出一个有利的条件。

(4)从"上海广场"项目冬施所采用的"综合蓄热法"和"暖棚法"的效果来看,不失为一种投入较少,并在初冬时节能够保证工程进度和质量的有效方式。

六、"上海广场"项目向冬季要进度给我们的启示

(1)按照《建筑工程冬施规程》的要求,冬施是一个大的系统工程,在实施过程中只要方法科学、措施得力就能收到良好的效果,实现进度目标和质量目标的双突破。

(2)通过冬施使我们在观念上打破冬季与冬闲相等同的错误理念,在工作中充分利用初冬和深冬后期时间(即元旦以前和正月十五以后),抢抓机遇,用冬施的成果来实现进度目标的快速推进。

(3)通过冬施这一过程使我们缩短了项目开发周期,使资金的使用成本有所降低。从2007年度央行的6次调息及国家对土地政策的调整来看,随着国家对房地产业宏观调控手段的进一步加大,无疑会增大土地成本和开发成本,同时也会对房地产业产生一定的冲击。"以静制动,以快制慢",无异是规避和降低房地产风险最有效的手段。

(4)从冬施的投入和产出所作的定性分析来看,虽然在冬施的两个月里按国家的定额取费有所增加,但它的产出所发挥出的经济效益,以及提前抢占同类楼盘的消费和投资市场,所带来的商机要远大于冬施过程的投入。

(5)从冬施对建筑工程实施的全过程来看,既保证了资源的有效均衡投入,又避免在冬季的一段时间里出现人员和资金闲置的问题。

总之,只要我们能够以严谨的工作态度和科学的工作方法去对待工作,我们就能够化不利条件为有利条件,走出挑战自然,向冬季要进度的路来。

参考文献:

[1]国家行业标准《建筑工程冬期施工规程》(JGJ 104—97).北京:中国建筑工业出版社.

现浇钢筋混凝土结构施工常见问题解答

◆ 陈雪光

(中国标准设计研究院，北京 100044)

前言

自1996年以来，设计单位采用平面表示法绘制现浇钢筋混凝土施工图设计文件，经过十多年时间的实践，已被广大设计、施工、监理等有关部门所接受。1996年前设计单位的施工图设计文件，均绘制构件的详图，施工企业照图施工。采用 G 101 系列图集的平面表示法后，由于施工图设计文件不再绘制构件的详图及一般的构造和节点详图。而很多的构造要求在设计规范中作了规定，施工人员对相应的设计规范不了解，执行中出现了一些问题，施工时采用国家标准图集中的构造及节点做法。因对规范、规程和标准图的熟悉程度和理解的不同，造成有关单位意见不一致，甚至某些错误的做法，既影响了施工进度也不能保证工程质量。根据目前建筑工程中所遇到的常见问题，本人对国家现行标准、规程和规范的理解和实际的工程经验，对不同的构件的构造和节点做法，发表自己的看法并配有部分详图供有关的专业技术人员参考。

一、剪力墙

1. 剪力墙中的竖向分布钢筋在建筑的顶层遇到暗梁时，是否可以将竖向钢筋锚固在暗梁中？为何要求弯入顶板内并满足$LaE(La)$的要求？

根据《建筑抗震设计规范》GB 5001—2001 中的规定，框架-抗震墙结构体系中抗震墙在楼层时应设置梁或暗梁，暗梁是剪力墙中的一部分，是剪力墙在楼层的加强构造措施，而不是普通意义的梁。顶板并不是剪力墙的水平支座，不能理解为剪力墙竖向分布钢筋在暗梁中的锚固。竖向分布钢筋在顶板中的连接长度需达到不小于$LaE(La)$是构造要求必须要满足的。正确的做法为：(1)剪力墙中的竖向分布钢筋在顶层应穿过暗梁，伸入顶层楼板内的总长度要满足$LaE(La)$要求。(2)竖向钢筋伸入顶板的长度的起点应从顶板的下皮算起，而不是从暗梁的底部算起。(3)竖向分布钢筋伸入顶板的上部后再弯折水平段。具体做法见图1。

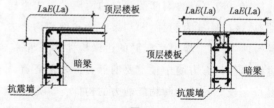

图1

2. 剪力墙中的竖向和水平分布钢筋与墙中的暗梁的钢筋摆放关系如何确定？是否将墙中的竖向分布钢筋从暗梁的外侧穿过，并增加暗梁的钢筋保护层的厚度？

为了施工绑扎钢筋的方便，一般施工图设计文件中都把墙中的水平分布钢筋放在最外侧，而竖向分布钢筋位于水平分布钢筋的内侧。暗梁的箍筋与墙的竖向分布钢筋在同一层面上,暗梁作为剪力墙中的一部分,其钢筋的保护层厚度可不按一般的梁要求。对于梁的宽度大于墙的厚度时,墙中的竖向分布钢筋从梁内穿过,梁和墙应各自满足相应构件钢筋保护层的厚度要求。常规的做法:当梁的宽度与墙厚相同时(暗梁),钢筋的摆放层次为(由外至内):(1)最外侧(第一层)墙的水平分布钢筋,在暗梁的范围内也应按墙的水平分布钢筋间距要求设置。(2)内侧(第二层)为剪力墙的竖向分布钢筋和暗梁的箍筋。避免竖向分布钢筋与暗梁箍筋的重叠,造成钢筋保护层厚度变厚。(3)暗梁的纵向钢筋位于墙竖向分布钢筋和暗梁箍筋的内侧(第三层)。当梁的宽度大于墙的厚度时,墙中的竖向分布钢筋从梁中穿过,当梁的一侧与墙平时,可按上述办法摆放,具体的位置关系见图2。

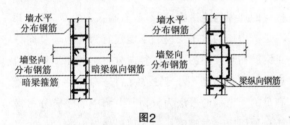

图2

3.剪力墙端部有暗柱时,剪力墙水平分布钢筋在暗柱中的位置如何摆放?水平分布钢筋是否要在暗柱中满足锚固长度的要求?

根据《建筑抗震设计规范》GB 5001—2001中的规定,剪力墙的端部及洞口的两侧设置边缘构件,边缘构件分为两种,即约束边缘构件和构造边缘构件,与剪力墙厚度相同的边缘构件称为暗柱。边缘构件是剪力墙中很重要的部分,是保证剪力墙具有较好的延性和耗能能力的构件,也是在施工中要引以注意的位置。正确地按要求施工,确保构造合理和质量,使剪力墙能正常工作,才能使建筑的整体结构安全。剪力墙端部的暗柱不是墙的支座,不存在水平分布钢筋在暗柱中的锚固问题,而是水平分布钢筋在端部的构造做法。暗柱的箍筋与水平分布钢筋在同一层面上,暗柱的纵向钢筋与墙中的竖向分布钢筋在同一层面上,即在水平分布钢筋的内侧,由于暗柱的箍筋间距较密,所

以要处理好相互的位置关系。正确的做法为:(1)水平分布钢筋在墙的端部的弯折位置,可在暗柱远端外侧竖向钢筋的内侧位置。(2)弯折后的水平段为15d。(3)剪力墙水平分布钢筋在暗柱中无锚固长度的要求,需伸至暗柱远端再水平弯折。具体做法见图3。

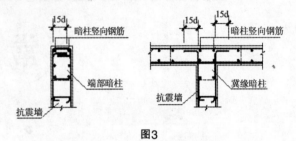

图3

4.剪力墙转角处外侧水平分布钢筋为何不可以在此处搭接,而搭接的位置要在暗柱以外?

在剪力墙的转角处一般都设有柱或者暗柱,暗柱的箍筋间距都比较密集,如果墙的外侧水平分布钢筋在此范围搭接,会造成钢筋在此位置太密,使混凝土对钢筋不能很好地形成握裹力,握裹力的降低使两种材料不能共同工作,从而使该部位的承载能力达不到设计要求,结构的安全就会受到影响。水平分布钢筋在墙的转角外搭接会给施工带来一定的困难,但是可以保证结构的安全,结构的安全除有正确的计算等因素外,还要靠合理的构造措施作保证。正确的做法为:(1)剪力墙外侧水平分布钢筋在暗柱以外进行搭接,上下两层应交错搭接。水平间隔不小于500mm。(2)正交的剪力墙内侧水平分布钢筋应伸至暗柱远端的竖向钢筋内侧后水平弯折,弯折后的水平段要满足不少于15d的要求。(3)非正交剪力墙外侧水平分布钢筋的搭接做法同正交的剪力墙。而内侧水平分布钢筋的搭接,钢筋应伸至墙的远端,在墙竖向分布钢筋的内侧弯折水平段,使总长度不小于锚固长度$L_{aE}(L_a)$的要求。具体做法见图4。

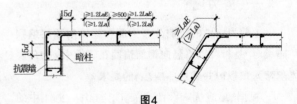

图4

招标项目中阴阳合同的法律效力

◆ 曹文衔

(上海市建纬律师事务所，上海 200050)

对于经过招投标程序签订的建设工程中标施工合同，由招标人和中标人双方按照招投标文件实质性内容签订并经政府招投标活动行政管理部门登记备案的合同，被称为阳合同；而在中标结果确定前，招标人与潜在的投标人或者投标人之间，或者在中标结果确定后，招标人与中标人之间签订的、与阳合同内容不一致且未经行政备案的合同，被称为阴合同。

实际的招投标活动中存在的典型不规范现象之一是，施工单位作为投标人或者潜在投标人，为了能够中标承包工程，在中标结果确定之前，与招标人串通，以事先承诺或者签订协议的形式，在未来将要中标签订的工程合同（即用于招标程序完成后行政备案的阳合同）之外，对招标文件和/或投标文件作出实质性变更的意思表示。

一、阴阳合同的主要表现形式

笔者在律师代理业务中遇到的有关阴合同与阳合同在内容上的实质性不同主要有以下几类表现形式。

形式一：阴阳合同的承包范围大致相同，而阴合同中确定的合同价款低于阳合同中的合同价款。

该形式下发包人通常为非国有企业或非国家机关、事业单位，发包人的主要目的是希望通过阴合同的安排降低工程实际投资。少数情况下发包人为国有企业或国家机关、事业单位，工程项目通常为国家出资，发包人的主要目的是通过阳合同多获得国家拨款，而少支付实际工程款，将款项差额用于难以获得国家拨款的其他活动，甚至少数人中饱私囊。

形式二：阴阳合同的承包范围相同、合同价款金额相同，但阴合同中确定的合同价款支付时间晚于阳合同。

该形式下通常发包人已经落实的工程建设资金不足，发包人的主要目的在于希望通过阴合同安排要求承包人垫资施工，缓解资金压力，且不愿意为占用承包人资金支付适当的利息。

形式三：阴阳合同的承包范围相同，而阴合同中确定的合同价款高于阳合同中的合同价款,但阴合同中确定的合同价款支付时间晚于阳合同。

该形式下发包人通常为国有企业、国家机关、事业单位之外的自筹项目建设资金的单位或组织,其已经落实的工程建设资金不足。发包人的主要目的仍然在于希望通过阴合同安排要求承包人垫资施工,缓解资金压力,并愿意为占用承包人资金支付适当的利息,发包人的融资意图非常明显。少数情况下,发包人几乎完全没有筹措资金能力或者仅仅是中间商,以支付较丰厚的承包人垫资利息为诱饵,引诱承包人签约。

形式四:阴合同的承包范围大于阳合同。

该形式下通常阴合同中超出阳合同承包范围的部分属于法定招标项目,且工期较紧,发包人不愿意按照法律规定另行组织招投标。发包人的主要目的在于规避另行招标。少数情况下,招标项目的承发包范围在定标后出现了增加,而增加部分不属于法定招标的情形,发包人为了减少另行确定承包人的工作量,通过阴合同将增加的项目范围直接发包给原中标承包人。

形式五:阴合同中承包人的实际承包范围小于阳合同。

该形式下,通常发包人的主要目的在于将阳合同项下的招标项目进行肢解后另行发包或以指定分包的名义强迫中标承包人将部分工程分包给发包人指定的其他人。少数情况下,招标项目的承发包范围在定标后出现了减少,项目的部分内容不再实施,合同双方通过阴合同重新约定承包范围。

形式六:阴合同的内容与阳合同存在不一致,但不涉及招标文件和中标的投标文件的实质性内容。

在上述六种形式中,与阳合同的约定相比,阴合同的约定在形式一、二、五下明显不利于承包人,而在形式三、六下可能对承包人有利或不利,在形式四下一般对承包人有利。

而从阴阳合同签订的实际时间顺序上看,阴阳合同又分为两种。最常见的是第一种,即阴合同实际订立在前,阳合同实际订立在后。通常情况下,承包人的中标和阳合同的签订以阴合同订立为条件。但在合同签订的书面形式上,经常又表现为将阴合同中记载的签署日期故意延至阳合同签署日期之后或者同日。少数情况下表现为第二种,即阳合同实际签订在前,阴合同实际签订在后。此种情况下,往往是中标人在投标阶段已经以口头或其他非正式的书面方式向招标人做出过单方面承诺,在中标后,应招标人要求或者中标人主动与招标人签订阴合同,以示中标人"兑现"承诺。在极少数情况下,也可能是阳合同签订后,项目本身发生了一些招投标阶段尚未发生或尚未确定的变化,导致招标人与中标人协商另行签订阴合同。

二、不同情形下阴阳合同的法律效力

工程建设行业内,甚至法律界,对于阴阳合同的法律效力经常有过于简单化的误解,即阳合同自然有效而阴合同无效,或者阳合同的效力高于阴合同。笔者认为,这一误解的产生根源主要在于:人们简单认为阳合同不仅经过了公开的招投标程序,而且经过行政机关备案,应当有效或者效力较高;而阴合同仅为双方当事人之间的意思表示,规避了招投标和行政部门监管,应当无效或者效力较低。此外,人们对最高法院颁布的《关于审理建设工程施工合同纠纷案件适用法律问题的解释》(以下简称"司法解释")第 21 条有关"当事人就同一建设工程另行订立的建设工程施工合同与经过备案的中标合同实质性内容不一致的,应当以备案的中标合同作为结算工程价款的根据"这一规定的机械解读也加深了上述误解。

事实上,无论是阴合同还是阳合同,对其法律效力的判断应当基于各有关法律和行政法规的规定,而不应简单化地认为只要存在阴阳合同,阴合同必然无效,而阳合同必然有效。如果综合考察《合同法》、《招标投标法》和司法解释涉及阴阳合同的有关规定,以及《城市房地产管理法》、《建筑法》、《建设工程质量管理条例》等法律和行政法规对建设工程合同主体资格、合同内容等的强制性规定,我们就会发现,阴阳合同的法律效力在不同情形下可能各不相同,不能一概而论。

1.阳合同并非当然合法有效

就阳合同而言,由于其签订的背景或前提是

基于招投标活动，因此，判断其法律效力，不仅应当考察其是否与合同法有关合同效力的规定相符合，还应考察其签订过程和程序是否符合《招标投标法》中有关中标效力和对中标合同签订内容的强制性规定。

具体说来，一方面，如果阳合同的签订程序和条件属于《招标投标法》规定的六种中标无效的情形之一，那么即使该阳合同已经作为中标合同备案，其仍然属于无效合同。《招标投标法》规定的六种中标无效情形分别是：

（1）招标代理机构泄密或者恶意串通行为影响中标结果的（第五十条）；

（2）招标人泄露招标情况或者标底的行为影响中标结果的（第五十二条）；

（3）投标人之间或者投标人与招标人之间串通招投标的行为（第五十三条）；

（4）投标人弄虚作假骗取中标的行为（第五十四条）；

（5）招标人在定标前与投标人进行实质性谈判的行为影响中标结果的（第五十五条）；

（6）招标人违法确定中标人的行为（第五十七条）。

另一方面，如果阳合同签订的部分内容违反了《招标投标法》关于中标合同内容的强制性规定，那么即使该阳合同已经作为中标合同备案，该部分内容仍然属于无效。比如，《招标投标法》第四十六条规定，"招标人和中标人应当……按照招标文件和中标人的投标文件订立书面合同，不得再行订立违背合同实质性内容的其他协议。"第五十九条规定，"招标人、中标人订立背离合同实质性内容的协议的，责令改正。"虽然上述两条规定主要是针对现实中存在的在阳合同之外再另行签订阴合同或协议的行为，但有些情况下，招标人与中标人在签订阳合同时，就将某些违背招标文件和中标人的投标文件实质性条件的内容写入其中，而接受合同备案的行政部门由于种种原因对这类合同给予了备案，因此，此类阳合同中违背招标文件和中标人的投标文件实质性条件的内容，由于违反了《招标投标法》第四十六条的强制性规定，应当无效。

此外，阳合同从签订程序到实质内容即便完全符合《招标投标法》的规定，而不符合合同法以及其他法律、行政法规的强制性规定，仍然可能归于法律上无效。比如，由于招标文件、招标人的错误或者疏忽，导致不具有法定承包资质的投标人中标，或者投标人中标后签订阳合同之前丧失了法定承包资质，由于中标人主体资格的瑕疵违反了建筑法有关承包人资质的强制性规定，据此签订的阳合同即便已经通过行政备案，亦当然依法无效。再比如，招标项目未经行政审批，未取得合法的建设工程规划许可或土地使用权许可，或者招标项目内容实质上属于对完整工程进行肢解分包的，也将因违反了《城市房地产管理法》、《土地管理法》或《建筑法》的强制性规定而无效。

总之，在招投标程序中，经行政备案的阳合同并非当然有效，或者说，备案不是判定中标合同合法有效与否的条件或依据。

司法解释第21条有关"当事人就同一建设工程另行订立的建设工程施工合同与经过备案的中标合同实质性内容不一致的，应当以备案的中标合同作为结算工程价款的根据"规定中的"经过备案的中标合同"应当被正确地理解为"经过备案的且合法有效的中标合同"。因为如果出现备案合同被依法认定无效的情形，在备案合同与阴合同均依法无效的情况下，机械地理解上述司法解释，认为备案合同内容优先于阴合同被适用，将产生两个无效合同的实际效力不一致的荒唐结论。

2.阴合同并非当然依法无效

（1）关于签订在阳合同之前的阴合同的法律效力

《招标投标法》第四十三条规定，"在确定中标人前，招标人不得与投标人就投标价格、投标方案等实质性内容进行谈判"。因此，在阳合同签订之前，招标人与后来成为中标人的投标人就合同价格、合同履行方案等实质性招投标内容进行谈判进而签订的阴合同，尽管可能是发包人和承包人双方真实意思的表示，实际准备履行或者已经履行的也是该阴合同，但是由于该阴合同的订立违反了《招标投标法》的上述强制性规定而当然无效。但是，如果在阳合同签订之前，招标人与投标人经谈判而签订的阴合同内容不涉及或者仅部分涉及招投标实质性内容，则阴合同中仅涉及招投标实质性内容的部分无效，而其他部分的内容只要不违反法律法规的强制性规定，应当继续有效。

(2)关于签订在阳合同之后的阴合同的法律效力

对于在阳合同签订之后，招标人与中标人签订的未经行政备案的阴合同的法律效力，也需要区分情况分别研究。

情形一，招标项目的实际内容或者其他客观情况（主要指合同实质性内容中的合同标的或称承包范围、数量质量等客观内容，下同）在投标截止日后发生了变化或调整，招标人与中标人为适应项目变化的实际情况，经协商谈判，另行签订阴合同作为补充合同。严格说来，对于绝大部分建设工程项目而言，在阳合同签订后的履行过程中，事实上存在着大量的阴合同，只不过它们在形式上往往不表现为正式的合同，而是以会议纪要、备忘录、技术核定单、设计变更单或者工程签证单等技术文件的形式出现，但对于合同双方具有约束力。这些以技术文件形式签订的阴合同对阳合同的价款、投标方案或者技术标准都可能产生变更。笔者认为，此类阴合同只要不实质性违背招标文件和中标人的投标文件，应当认定其合法有效。需要特别注意的是，这些以技术文件等形式产生的阴合同合法有效的条件有两个：

第一，招标项目在投标截止日之后发生变化的情形应当属于依法可以不另行招标的情形。比如，招标项目规模发生了微调，而调整后的项目依法不需另行行政审批。如果变化后的情形依法必须另行招标的，阴合同的签订由于规避了法定招标程序而无效。一般情况下，阴合同内容中对于阳合同内容的变更应当是基于阳合同订立时招标项目对应的情况在投标截止日之后发生了变化，这种变化应当是投标截止日前尚未发生的或者尚未确定会发生的。如果是投标截止日前已经发生或者确定将会发生的，应当将对应的变更通过补充招标文件、延长投标截止期等合法程序体现在招标文件和招标人的投标文件中，进而反映在定标后签订的阳合同中。

第二，阴合同内容不违背招标文件和中标人的投标文件的实质性内容。比如，对于阳合同或者招标文件、中标人的投标文件中已经确定的某一子项目的中标单价为固定单价，则阴合同中不得违反阳合同的约定调整该固定单价。

情形二，招标项目的实际内容或者其他客观情况在投标截止日前发生了变化或调整，招标人与中标人为适应项目变化的实际情况，经协商谈判，另行签订阴合同作为补充合同。少数情况下，由于招标人的工作疏漏，导致招标文件中未能全面体现投标截止日前已经发生的或者确定将会发生的项目变化情形，而此种疏漏在投标截止日前未能被及时发现和弥补，只要该变化内容仍然符合上述情形一中阴合同有效的两个条件，据此签订的阴合同仍应合法有效。

情形三，招标项目的实际内容和其他客观情况未发生变化，而合同实质性内容中的其他内容（主要指价款、履行方式、履行期限、违约责任和争议解决方式）通过阴合同加以变更的，应认定违法而无效。

此外，对照上述情形一中阴合同有效的两个条件，不难得出如下结论：在本文第一部分列举的阴阳合同的主要表现形式中，形式一、二、三中出现的阴合同由于并非基于招标项目本身的情形发生客观变化而签订，并且实质性违背了招标文件和中标人的投标文件，依法应当无效。形式四、五中如果阴合同中承包范围的变化属于依法必须另行招标的情形或者属于将阳合同项下的招标项目进行肢解后另行发包或以指定分包的名义强迫中标承包人将部分工程分包给发包人指定的其他人的情形的，依法应当无效，否则，只要不违反法律、行政法规的强制性规定，应认定合法有效。⑤

参考文献：

[1]王建东.建设工程合同法律制度研究[M].北京：中国法制出版社,2004.

[2]奚晓明,潘福仁.建设工程合同纠纷[M].北京：法律出版社,2007.

[3]林善谋.招标投标法适用与案例评析[M].北京：机械工业出版社,2004.

2008´全球建筑峰会在京召开

中国对外承包工程商会建筑业分会

对外承包工程和劳务合作是伴随着改革开放而发展起来的新兴事业。30年来，这项业务从无到有，从小到大，已成为实施"走出去"战略的重要内容，对促进国民经济发展和扩大对外开放发挥着日益重要的作用。截至2007年底，我国企业累计完成对外承包工程营业额2 064亿美元，累计签订合同额3 295亿美元，累计派出各类劳务人员419万人。我国已成为世界重要的国际工程承包国和对外劳务输出国。

作为全球建筑工程业内最高水平的国际盛会——全球建筑峰会于4月11日在北京召开。与会者多为"ENR国际承包商225强"和全球工程设计、工程咨询企业的精英们。

会上，商务部副部长陈健、国资委副主任邵宁、北京市副市长程红、住房和城乡建设部建筑市场管理司司长王素卿、美国商务部部长助理科凯音到会并作了重要讲话。

包括国际顶级承包商、知名建筑设计师、建材生产商、设备供应商、业主和国际金融机构等在内的400多名企业代表参加了会议。中国工程咨询协会、中国施工企业管理协会、美国能源部、美国绿色建筑协会、美国建筑师协会、英国特许建造学会、印度建筑行业发展委员会等10家中外行业协会代表出席了大会。

主办单位中国对外承包工程商会和美国麦格劳-希尔建筑信息公司赋予了本届峰会新的主题——和谐发展，互利共赢。

商务部陈健副部长在会上说，2007年国际投资额超过5万亿美元，这些投资大量用在了全球新兴市场，在基础设施建设投资方面投入也在加大。同时，我国对外承包工程企业也面临着严峻的挑战。现在，一些国家和地区政治不稳定，这对项目所在国企业的发展造成一些重大困难。2007年，我国对外承包工程完成营业额同比增长35.3%，中国企业在全球承建了大量的电站、港口、铁路等重大工程项目，取得了丰富的经验，我们希望中国企业充分利用这一平台，与国际企业家开展广泛的学习和交流，更好地开拓国际市场。

美国商务部部长助理科凯音在会上说，在连续3年里，中国建筑市场每年以20亿m^2的工程建设速度承建了大量工程。美国政府认为，到2025年，世界建筑中心将移到中国。全球建筑峰会在北京连续召开了3届，美国企业也愿意把美国的先进施工管理和项目咨询服务经验介绍给中国。

国家住房和城乡建设部建筑市场管理司司长王素卿在峰会上向参会企业家介绍：2001年以来，中国建筑业总产值年平均增长率为22.5%。2007年中国建筑业产值达5万多亿元人民币，比上年同期增长了20.4%。中国建筑企业整体竞争力也正接近国际领先水平。2007年,我国对外承包工程完成营业额406亿美元,同比增长35.3%;新签合同额776亿美元,同比增长17.6%。截至2007年底,我国对外承包工程累计完成营业额2 064亿美元,签订合同额3 295亿美元。

王素卿司长指出,现在来自全球30多个国家的建筑设计、施工企业超过了1 400家在中国开展工程承包业务。中国未来的商机是巨大的,国际的建筑商机更加巨大。

本届峰会发表演讲的全球著名企业领袖和专家有:美国施工管理协会主席Bill Van Wagenen、阿联酋-阿布扎比公司副总裁Samer Tamimi Hill International、中国进出口银行副行长李郡、中交建设股份公司副总裁陈奋健、中国化学工程集团公司总裁金克宁、英国品诚梅森北京代表处首席代表庄本信、英国皇家特许建造学会全球副主席李世蓉、日本鹿岛建设株式会社美西分公司总裁等53名国际建筑行业权威人士。

"全球建筑峰会"是全球建筑工程领域的盛会,为世界各国建筑承包商提供了一个很好的交流与合作平台。峰会已连续三届落户中国北京,体现了中国政府和企业对此项活动的重视。通过举办峰会,增进了中国企业与世界各国企业间的沟通与合作,促进了世界与中国建筑业的发展。

本次峰会的主题是"推进和谐发展、营造互利共赢空间",寓意深远,符合时代主题。当今世界,求和平、谋发展、促合作是世界各国的共识。在经济全球化深入发展、区域经济合作方兴未艾、世界各国相互依存日益紧密的背景下,构建和谐世界,推动和谐发展,实现互利共赢,符合世界各国的共同利益。

在世界建筑工程领域,发展也是主旋律。有资料表明,2007年全球建筑投资额超过5万亿美元,并将在今后几年内继续保持增长。特别是新兴市场国家和资源富集国对基础设施建设投入不断加大,将有效拉动国际工程市场的发展。同时,新材料、新工艺和新技术的不断出现和应用,正使国际工程建设业经历着深刻的变化,也为世界各国承包商提供了新的发展机遇。当然,发展也面临着很多挑战,如全球经济和金融市场波动起伏、部分地区政治安全形势不稳定等。希望大家充分利用"全球建筑峰会"这个平台,探讨当前国际工程承包的发展机遇,研究企业间开展互利合作的新方式,分析共同面临的问题和挑战,寻找国际工程承包互利共赢、和谐发展的解决方案。

"和谐发展、互利共赢"也一直是中国发展对外承包工程行业的主导思想。中国政府在制订国民经济和社会发展第十一个五年规划中就明确提出:"要实施互利共赢的开放战略,支持有条件的企业'走出去',开展境外工程承包和劳务合作,扩大互利合作,实现共同发展"。

作为国际工程市场的一支重要力量,近年来,中国企业在技术水平和综合竞争力等方面有了长足的进步,在开拓国际市场方面也取得了较好的成绩。据商务部统计,2007年,中国企业完成对外承包工程营业额406亿美元,比2006年增长35.5%;新签合同额达到776亿美元,同比增长17.6%。到2007年,中国对外承包工程行业完成营业额已连续7年实现增长,年均增长率为28.8%。新签合同额实现连续14年增长,年均增长率为21.7%。截至2007年底,中国企业累计完成对外承包工程营业额2 064亿美元,累计签订合同额3 295亿美元。

中国企业在开展业务过程中始终坚持"和谐发展、互利共赢"方针。通过与世界各国加强工程建设领域的合作,不仅促进了本国经济的发展,也对促进当地社会和谐发展作出了重要贡献。尤其在近年来,中国企业在广大发展中国家承建了大量的电站、道路、港口、通信等基础设施项目,极大地改善了当地的生活条件,为当地创造了大量的就业机会,满足了当地居民生活的迫切需要,促进了当地经济的发展。同时,中国企业通过积极参与当地公益事业、慈善事业和环保事业等方式,承担社会责任,树立以人为本、反哺社会的良好形象。此外,近几年来,中国企业加强了与当地承包商和国际知名承包商的业务协作,发挥各自优势,共同承揽国际工程项目,在互信互利的基础上实现共赢。这些合作提升了中国企业的国际形象和管理能力,进一步扩大了中国企业的国际影响力。®

对沙特工程承包需增强风险意识

中国驻沙特使馆经商处

近年来,石油价格持续上涨,沙特政府财政盈余巨增,加大了在各领域的投资步伐,掀起了上世纪80年代之后的新一轮建设高潮。据沙特投资总署的报告,2020年以前,沙特在大项目上的总投资将达6900亿美元,主要分布在下列领域:基础建设1400亿美元、石油天然气1200亿美元、石化900亿美元、电力900亿美元、通信和信息产业700亿美元、旅游500亿美元、农业300亿美元,其他1000亿美元。

这一庞大的建筑市场,吸引了众多的中国公司,目前,已有43家中国企业常驻沙特,从事各类工程建设业务,分布在石油天然气勘探开发、石化工程建设、市政基础建设、工业和民用建筑、路桥等各个领域,承包方式以EPC为主,部分企业从事建筑分包、包清工和提供专业劳务。最近三年,在建项目不断增加,中资企业队伍不断扩大。截至2007年10月,在沙中资公司增至43家,在建合同总额增至56.22亿美元,在册人员20802人(其中外籍4867人)。

2007年6月23日,中国商务部与沙特城乡事务部签署《中沙工程合作谅解备忘录》,沙特政府为中资企业进入沙特建筑市场提供了便利,越来越多的中国建筑公司希望进入沙特工程承包市场,为双边经贸发展带来了机遇。我们在此特别提示,沙特建筑工程承包市场既存在机遇,也存在挑战,进入沙特工程市场之前应该全面考察,审慎决策。

按商务部现行规定,在沙特承接项目前,须向我经商处书面申请,经商处支持函是公司在沙特开展工程项目承包的要件之一,该规定通过宏观管理帮助企业在一定程度上规避风险和恶意竞价。由于少数公司对此重视不够,曾发生过先斩后奏而后追悔莫及的事例。发出支持函是基于现有信息基础上对项目盈亏前景的宏观考量,支持函不能视为盈利保障,但希望对企业是一项参考指标。为了提醒企业提高规避风险的意识,我们根据沙特的法律法规和工程市场情况,提出以下建议:

1. 重视实地考察和调研

进入沙特之前,实地感受沙特的环境是非常重要的,环境对施工成本的影响常常点点滴滴不经意中累积。

2. 保持与经商处的接触

经商处作为宏观管理和服务机构,多年累积了各种案例资料,存有大量驻沙中资企业相关信息,以及当地环境变化的信息和市场分析等等,都会有助于企业进行项目的可行性研究。

3. 择优选择进入沙特工程市场的方式

我们鼓励中资公司在沙设立独资公司或中方控股的总包式EPC方式进入市场,随着沙特行业政策的开放和中沙工程合作的新发展,过去不得不使用的担保和总代理方式已被摒弃。如果判断承接项目时借用当地代理的力量更能双赢,那么也最好采用一事一议,而不是签署总代理或阶段代理协议。

4. 警惕工期风险

工期延误对于工程承包就是灭顶之灾,工期长短对报价影响无需质疑,应该为沙特项目争取适当甚至是留有余地的工期。因为沙特整个社会系统运行节奏慢,会有形无形、有意无意地耗损工期。

5. 消费物价上升,建材价格上涨

2007年,沙特通胀率预计5%。一般来说,除非是生活消费物价由于政治或军事等大环境原因不可遏制的恶性通胀外,否则对工程成本影响不大。沙特目前政治稳定,经济繁荣,消费品供应充裕,物价上涨主要是受美元贬值影响。但是,近年来沙特建筑市场发展过快,建筑材料供不应求,建材价格高速上涨,给工程报价和施工增添了不确定因素,中资企业应给予高度重视。

6. 重视采购难问题

沙特工程合同中一般情况下要求同类产品优先在本地采购，但目前沙特工程市场持续增长，建筑材料供应不足，交货期难以满足施工进度要求，尤其是水泥和钢材供应经常断档。随着一些本地新建的大型水泥厂投产，2008年水泥供不应求的状况会好转一些，但程度有待研究；钢材供给不足的局面预料仍会持续。所以在计算工程合同工期时要考虑采购难的因素。

7. 施工设备租赁难，价格上涨

和建筑材料供应一样，沙特建筑市场设备租赁也出现困难。一般大型设备短缺，价格大幅上涨，企业在报价时要对此引起重视。

8. 规避汇率风险

（1）美元贬值：沙特通常允许承包商在美元或本地货币里亚尔中任选一种作为工程款支付币种，沙特在刚刚结束的海合会多哈峰会上已经声明不会考虑里亚尔和美元汇率脱钩的问题。但因里亚尔与美元挂钩，无论用美元和里亚尔计价，都摆脱不了美元贬值对工程成本的影响。

（2）人民币升值：人民币升值也是当前工程承包风险之一。由于人民币不断升值，中国工人工资多以人民币计价，国内采购的材料、设备等施工物资也多以人民币计价，美元和人民币汇率的变化加大了工程成本，企业在投(议)标核算成本时要审视汇率变化的风险。

9. 规避支付风险

对于初入沙特市场的中资公司，我们鼓励承接沙特政府预算内投资的项目，一般情况下，这类项目与私营投资项目比较支付风险小。目前为止，无论政府项目还是私人投资的项目，我们尚未接到业主无限期拖欠工程进度款的案例报告，但是政府部门付款延迟到合同规定期限底端甚至时有突破的情形很多，多半是由于办事效率低，假期，主管人员出差等原因所致；由于业主希望尽快完工争取效益，私人项目延迟付款的情形较少，但是因不能按期完工，拒绝退还质保金的事例时有发生，一些大型项目在这方面也面临同样的难题。

10. 不要依赖沙特法律解决工程承包中的争端

一些企业对沙特业主违约索赔怀有预期，希望通过索赔弥补工程的亏损，这是不现实的，徒劳的。透明国际的报告认为，沙特法律明显偏袒当地人，极少给外国人和机构与当地人平等的机会。中国公司不能指望用法律手段来找回损失，应尽力保护自己，避免授人以柄，诉诸法律解决合同纠纷既劳民又伤财，但是企业还要保留好索赔证据，不放弃追索和法律诉讼的权利。

11. 警惕预付款风险

《沙特政府采购和招标法》(查阅路径 Sa.mof-com.gov.cn—政策法规–其他栏目) 规定工程承包预付款为合同价的5%或5000万里亚尔（约1333万美元），一般取低值。所以大项目施工中常常需要承包商垫资。

12. 防范中资企业内部的劳资纠纷

近年来，劳资纠纷、投诉、上访事件在中资企业时常发生，大批工人因此被遣返，增加了企业的工程成本，加强管理，避免劳资纠纷，妥善处理劳资纠纷也成为中资企业工程承包中的一项重要工作。

13. 把雇员本地化纳入工程成本

沙特政府实行就业沙特化政策，政府项目要达到5%，私营项目要达到10%，沙特籍雇员不愿意作建筑工人，除管理岗位外，只能做保安之类的工作，而且工资水高，企业报价时必须考虑沙特化因素。沙特承包工程存在诸多风险，但也存在着许多有利的因素：

——沙特社会总体来说对中国比较友好，只要中国公司尊重当地风俗和法律规章，就容易有一个和谐相处的人文环境来开展业务。

——工程管理和监理严格但透明，承包商在这方面的不可预见费容易预测。

——政府部门比较廉洁，工程进度款支付可能延时，但不会无限期拖欠，一般不需要额外打通关系。

——沙特工程承包市场大，项目多，挑选余地较大。

——燃油、电力等能源价格便宜。

——外汇兑换自由，汇进汇出无限制。

工程项目的投(议)标报价是一门深奥的商业行为，重要的是建立在调研的基础上，既有对市场的判断又有对未来的预期，即要增强风险意识，又要考虑价格的竞争力，是对报价团队的信息量、专业技术水平，财务能力和智慧的考验。沙特判标比较偏重价格，一般情况下低价中标。希望中资企业在投(议)标中能掌握报价的尺度，把握工程成本的底线。

美国CM(建设管理)方法的再介绍

◆ 徐绳墨

(上海一测建设咨询有限公司，上海 200011)

一、前言

我国有关专家介绍美国的 CM 方法已经有多年了。

作为一个从事项目管理服务的咨询公司，尤其是在涉外承接项目管理服务时，出于承揽业务、提高自身业务水平(项目管理人员应有国际上承发包管理知识)、与境外同行开展专业交流及向政府提供改革思路的需要，必须对国际上林林总总的建设管理方法有一个通盘的了解和自己的分析及看法，以便吸取精华为我所用。

所以，业内人士应当学习和了解国外一些通行的管理方式，当然也包括 CM 方式。

二、CM方法的基本点

CM 方式是美国流行的一种管理方法。美国的建筑业承发包管理有它自己的特色，比如说 Lump Sum 方式，就是美国人用的名词。我国内地至今还没有合适对等的翻译，比较接近的是香港通行的"一口价"，其概念是固定总价包死。而 CM 也是从美国开始实行的承发包的一种形式。

自 20 世纪 60 年代始，由于人们所从事的建设项目规模越来越大，技术含量高，时间紧迫，各国传统的方式，如严格的设计施工分离制度(必须在一切设计都完成后才开始选择施工单位，全部工程细节搞定后再安排开工)等已不能适应新的形势，所以世界各国都在探索新的方法。即便我国当时处在计划经济的体制下，也探索了改进的方法，如实行基本建设大包干，取消甲乙丙丁各方，边设计边施工等(由于违反了客观规律，并不成功)。从美国的情况来讲，当时，特别是到了20世纪 70 年代初，由于第三次中东战争，油价疯涨，直接导致许多建筑公司破产、工程停顿、联邦预算失控、政府采购发包屡屡超支。美国就是在这种情况下出现并发展了 CM 承发包方式。这是由承包方启动提出的解决方法。美国是建筑承包业十分发达的国家，所以首先由建筑公司提出这个方法并不使人感到奇怪，而且行之有效。所谓 CM，其实质就是施工的早期参与。现在活跃于美国建筑市场的 CM 公司大多是从原先的承包商演变而来的。这也是为什么CM 有两种形式，并把作为咨询顾问方提供专业服务的CM 和作为承包方提供完整的建筑产品的CM 相提并论的原因。而其他国家(例如英国)则没有把两者并列起来。英国的制度严格分清咨询业和建筑承包的区别。假如你作为承包方，那么发包人必然有相应的管理，或自己或委托中介服务方来管理你。假如你作为中介顾问一方，就不可以参与承包或提供材料的活动，你只可以在服务工作的报酬中取得利益，两者严格不能混同。常常有同志认为，我们辛辛苦苦地管理工程，却不能得到成果。这是片面的看法，因为他忽视了风险责任。

一般都认为美国的管理比较放松，自由自在。其实，每一个国家根据国情形成的办法，必然有制约措施作为平衡。虽然从表面上看美国对承包人的资质不甚讲究，其实他们的资质要求由发包人在资格预审中掌握，并不是不讲究。他们的平衡措施就是，同时有严格的担保保函制度，全额担保。如果承包方不能履约，那么，保函的处罚将会使提交保函者倾家荡产。而保证商行如没有足够的担保品，是不会出具保函的。

CM 的定义：Construction Management 是一种管理技术和方法，它能为业主或委托人建造工程项目中不同的设计和建造过程提供顺利进行的服务；它包括行之有效的管理方法；从策划、设计到建造，从项目启动直至完成，目的是达到所要求的时间、成本和品质目标。

所以介绍国外通行的管理方法，应从其产生的根源来理解，不要简单地抓住个别做法比较，生搬硬套，这样才不至迷失方向。

在美国，施工如何在项目早期加入，是通过任命 CM 经理参加项目的管理实现的。所以，美国人就认为美国的CM经理,实际上就是欧洲的项目经理,其实两者有相似的一面,但仍有许多差别。在CM管理中,用从设计到施工管理全面精通的人来担任CM经理,承担比承包商更大的暗含社会责任,同时还有一批专业的承包人和咨询者加入此过程。

三、CM总的作用

当投资人决定需要建造一个项目时,CM可以帮他作以下事项:总的项目性能界定和实施要求;场地的分析与选择;领导形成一个共同工作的专业人士团队;协调将要进行的工程活动与公众和所在地区对建设的关注,以排除干扰;草拟初步的预算和总控制计划;根据阐明的项目需要,将总的注入资本计划分配到各个项目部分;建立管理信息和报告系统来达到投资人的要求;深化详细和完整的招标文件,确保招标投标时间,他应回答和比较各设计、顾问方提交招标文件中的表述,以避免产生歧义以后发生争议;协助检查和分析标书并选择承包人。

具体分以下三个阶段:

1.设计阶段的CM

努力使设计既在美学上是成功的,又能达到项目的目标;提供全寿命岗期费用分析和其他复核数据,力求委托人建设投资回报最大;协调投资人所应用的技术策略,对照建设计划,确认完成后的项目能符合和支持投资人现在和未来的需要;拓展一个详细的设计进度计划并使其应用时有生命力;跟踪检查设计进度,确认其可建造性(buildability),使得现场上发生的变更和出现的问题尽量减少;在每一项设计方案提交时深化详细构件要素的成本估算。

2.招标阶段的CM

指导招标前的会议,澄清项目需要和确认同答标书提问;确认所有投标人对投标文件已经清楚明白,所有问题都已经回答,帮助投资人评比、比较投标书;推荐中标人,直至授予合同。

3.建造阶段的CM

确保所有承包商、分包商和其他参加者在每一个阶段都充分理解项目的设计和要求;及时地向委托人提供清楚明白的报告,载明建造进度、关键节点和其他要素;管理变更工程的进度,以保持最大限度的有效管理,减少和缩小拖延的费用;管理施工过程,及早解决困难,保持工作流程;管理进度款支付,确保关键节点能如期达到、所有现在发生的费用按时支付;确认承包人提供了一个安全的工作场所,不仅是项目建设各方的工作人员,也包括更新改造施工过程中继续使用设施的人员安全;在施工过程中,消除因建造安排不当而不得不增加劳动力的因素,以减低建造完成后的运行成本和工资费用;在施工的最后阶段,协调好包括必须完成的承包人工作细目清单和相似任务在内的各项工作。此时常常时间紧迫,但项目完成前本任务必须完成,不可马虎。

四、两种完全不同的CM制度

CM AT-FEE又叫做CM-Agency。而CM AT-RISK又叫作CM-Non Agency。这是两种绝然不同的CM方式。囿于美国特定的国情,他们把两者放在一起来介绍,所以在援引时千万要注意,不要混淆了咨询和承包的界限。因为这不符合我国有关规定,也有悖于专业人士的执业准则(professional discipline)。咨询代理性质的CM是一种取费服务的方式,在项目进行的各个阶段,都代表业主的利益提供服务。

CM经理只提出建议,不参与任何利益冲突。

他所服务的内容是:资金的优化利用;控制工作界面和范围;项目计划;对设计和施工企业的技艺和才能提出优化利用的方法;避免一切延误、变更和争议;强化项目设计和施工的质量;在发包和采购中优化弹性灵活方式。

CM AT-RISK是另一种完成项目的方法:CM经理承诺在保证最大的造价以内完成项目。此时CM经理在启动和设计阶段还是咨询者,但在建造阶段已相当于一个承包人。由于有GMP(最大的造价)对委托人的约定,这时基本的关系特征已经改变。因为除了保证业主的利益之外,也有他自己要保护的利益。

五、CM的专业环境

CM的专业环境对于理解CM方式十分重要。它们本身并不是CM合同的组成部分。由于CM产生在美国,所以必须同时要理解美国的专业环境。其中我们特别要提到的是美国建设阶段的划分和建筑设计制度。

美国将建设过程划分为以下几个阶段:一是设计前阶段(PRE-DESIGN STAGE),这是为设计作准备的阶段,就是项目的启动阶段。二是大纲设计阶段(SCHEMATIC DESIGN STAGE),这就是设计师为工程所作的总体考虑,对项目的总体效果、使用的技术路线和主要设备材料都已经考虑。三是深化设计阶段(DESIGN DEVELOPMENT STAGE),在总的方案经委托人批准后进行的对各个工种开展设计、编制文件的阶段。此时参与设计、选定设备类型规格等的人员增多,但它没有到施工详图的深度。此时各个工种的技术设计已经进行,并有较详细的图纸。四是招标文件阶段(CONSTRUCTION DOCUMENT STAGE),是由设计人员对投标人提出工程的要求。从字面上看,这里似乎是施工文件,其实这是对投标的施工者的种种技术要求。其中详细的SPECIFICATION对于投标单位十分重要,投标人必须深刻理解并做出进一步的设计,直至深化到施工的需要,然后报出投标价格。此阶段在国内一般不被重视,往往以为投标只是按图计算工程量,报出标价。现在我国在招标投标过程中对技术标已经引起重视,即许多影响建造的技术问题,可以在招标过程中解决好,但关键还是招标文件中的说明。今后还应该进一步重视,把实施设计、施工中影响工程进度和造价的因素都考虑进去。在此阶段,还要十分重视未来的合同承发包条件、标价的计算和最终报出不含糊其辞的标价,即所谓的商务标。五是投标和决标阶段(BIDDING & AWARD STAGE),主要就是在回标后的代理活动,直至最终决标。六是建造过程(CONSTRUCTION PROCESS STAGE)。七是建造后阶段(POST CONSTRUCTION STAGE)。这两者并无太大的不同,故不赘述。

我们十分习惯于国内通行的已经制度化的基本建设程序,前一时期又学习了英国建造学会CIOB的《建设项目管理实施规则》,他们把建设划分为八个阶段。现在讲美国的程序,表面上好像互相不一致,难以理解。其实在总的情况下,按市场经济规律办事,还是可以理解和适应的。我们应把握好美国建设程序的特色,特别是面对境外(美国、英国或其他国家)的投资者,帮他们从事项目的管理,设计如何进行是一个很大的问题。众所周知,设计者担负着很大的社会、经济和法律责任,这在法制国家尤为突出,所以这方面应予以理顺。没有必要为了符合基本建设程序,而去削足适履,混淆了设计法律责任。由此

可见,设计管理是项目管理的重点。

其他CM方式的配套环境还有一些,例如上述的保证、保函制度、造价管理制度、价值工程制度、风险管理等。

六、CM与美国其他承包方式的比较

我们可以用框图来表述不同的承发包模式:

1.CM方式

这里虚线代表咨询和协调关系,实线代表合约关系。业主通过CM经理,协调其他咨询者和建筑师、工程师对承包商进行管理。

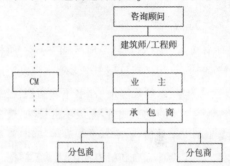

2.传统的LUMP SUM方式(以业主直接管理工程为代表)

这里建筑师和工程师直接由业主聘请指定,并负责编制图纸和规范说明书,通过招标选择承包商进行施工。采取按标段直接发包的方式,由业主自行管理。

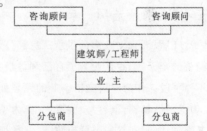

3.设计—建造承包方式

由业主直接把设计和建造作为一个标,通过比选指定承包单位。但业主仍然按工程的阶段对承包商进行有效的管理。承包商承担的责任更大。

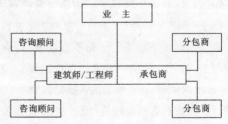

建造师风采

廉洁创效的带头人
——记全国优秀项目经理孙书森

孙书森,全国优秀项目经理,今年53岁,质朴淳厚又精明干练,担任项目经理十多年来,以工地为家,以廉洁为本,以创效为先。服装不求高档,经常穿着一件普通夹克衫在工地转;吃饭不讲排场,最喜欢工地食堂的家常便饭;坐车不求豪华,一辆旧普桑开了多年。他把全部心血和精力都用到了怎样把工程干好,怎样为企业盈利上。用员工的话来说,孙经理是一个很普通的人,也是一个好领导,他心里装着的全是企业、项目部和员工。就是这样一个普通的人,以自己的模范行动和表率作用带领第二项目部领导班子和全体员工创造了一个个不平凡的业绩。

"三不"带出廉洁风

干一个工程,要面对众多的供货厂家和外施队。在市场经济的今天,一些企业为了自己利益最大化,往往是不择手段。作为建筑施工企业的领导如果稍不注意,为了一己私利,很容易"湿鞋"。作为项目经理的孙书森,始终坚守着一道思想防线,并且把它作为对每个班子成员的要求,在领导班子会上,他斩钉截铁地说,"为企业,该挣的一定要挣!为自己,不该得的一分都不能得!"多年来,孙书森紧绷"廉洁自律"这根弦儿,只要是项目班子集体决策的事项,他从不插手。在选择外施队、供货厂家和确定材料价格等方面,采取"三不政策":一是不直接参与,由商务经理与有关部门、供货厂家进行询价比价,考察、谈判,不给谋取私利、别有用心的人提供机会。一次,一个供货厂商找到孙书森推销产品,把一叠钱装到信封里,放在办公桌上,孙书森当面拒绝,没有丝毫犹豫。他义正辞严地说:"如果我收了你的钱,无法面对自己的妻子和儿子,更对不起项目部的全体职工。"二是不私自做主干预,无论是什么关系、谁推荐来的,只要价格合理、有质量保证、经过公开招投标竞争和集体研究决定,就用谁的,从不个人说了算。三是不吃请受礼,在项目部施工现场,常有供应厂家请孙经理吃饭,拿来高档礼品,他总是婉言谢绝,从不与外施队和供应厂家外出吃饭、接受礼品。孙经理常说,在工地吃食堂的饭菜顺口、踏实。正是这种以身作则的行动无声地影响着项目部班子成员和管理人员,工地上没有人吃请,形成了一种良好风气,到中午就安排供货厂家吃工地食堂的"大锅饭"。此外,项目部很讲诚信,按合同约定及时付款,从不拖欠,得到了供货厂家的信任。面对这样一个胸怀坦荡、心底无私的项目领导,诸多厂家深受感动,愿意与项目部建立长期合作双赢的关系,因此项目部工程材料供货及时、价格合理,大大节约了工程成本。

孙书森还经常在班子会、党员会和全体管理人员会上进行廉政教育。同时,在项目部建立了一道道"反腐倡廉"制度防线,2006年3月当代万国城(当代MOMA)工程刚开工,他就学习、借鉴北电中心、国会中心的经验,积极开展"阳光工程"活动,建立健全了12项管理制度,与项目部83名管理人员签订了《廉政责任书》,与8个外施队签订了《廉政协议书》,把廉政建设的责任落实到每个岗位和每名员工,在项目部树立了秉公守法、廉洁从业的正风正气。

环环相扣降成本

孙经理参加工作后，干过瓦工、木工、混凝土工、放线工、工长，具备了丰富的施工生产管理经验，思路清晰，办事精明，他说："干一个工程，首先要保上缴的利润，保住集团和总部的利益；其次要保项目利润最大化，保住职工利益"。在全体职工中他积极倡导"精打细算、精心组织、精益求精"的管理理念，在施工过程中严格控制成本，更是一环紧扣一环。一是狠抓招投标环节。凭借多年的实践和积累，使孙书森形成了一套成本管理的秘诀。每接一项工程，都经过仔细推敲测算。原则是找甲方谈工程，人不可靠不谈，赔钱的活不接，不挣钱的活不干。项目部参与工程做标，对关键部位、关键环节提前测算。中标后，全体管理人员参加合同交底，各个系统对盈亏点进行分析，哪些地方有利，哪些地方没利，应该怎么弥补。签订每一项合同都严格把关，以规避风险。二是注重技术创效，发动大家拿施工技术方案，集思广益，从中选出最优化的方案。比如当代万国城工程塔吊配置，经反复研究和根据生产实际，由原来的 10 台改为 8 台，又与租赁厂家反复谈判，由市场价每月每台 32 000 元，降到了 28 000 元，一年就节省成本 40 万元。三是狠抓施工生产环节，技术、生产、商务互相配合，及时沟通，把不利变有利。合理安排时间，协调好四个工段，形成流水作业，既节省了人工费，又节省了周转材料。四是狠抓材料管理环节。从采购、验收到现场使用，严格审批程序，严格按管理制度执行。他发现现场周转材料太多，就及时告诉工长及时退走，这样现场既干净整齐，还能节约材料租金。五是狠抓结算环节。对已竣工程，项目部坚持竣一个结一个，确保把该收的全都收回来；对在施工程，积极办理工程增量等洽商索赔，找甲方据理力争，把该要的全都要回来。

"像居家过日子一样精打细算"

孙经理外表看起来五大三粗，实际上心很细，爱琢磨，善思考，干工程像居家过日子一样精打细算。别人想到的他想到了，别人没想到的他也想到了。一天，孙经理像往常一样在现场转，在外用电梯下面停住了脚步，对身边的工长交待，外用电梯使用期已经超出合同期，回去马上通知商务部门备齐资料跟甲方洽商、要钱。他常说的一句话是："咱们仓库里有的东西就不能再买新的"。一次上班的路上，他看到一个工地正在往外拉土，就开着车跟进去，请人家运到二项目部的施工现场，用作回填土，又节省了一笔买土的开支。前些日子，孙经理和项目人员去天津洽谈新工程，下午 4 点从工地出发，晚上 9 点谈完了到小饭铺简单吃点饭就往回赶，为了省钱没有舍得住旅馆，也为了第二天早上不耽误到现场安排生产。

在孙经理的带领下，项目部全员参与成本管理，树立节约增效意识，积小溪汇成江河。技术部门在钢筋翻样时开动脑筋，在满足设计要求的前提下，以保证最省为原则来确定钢筋的下料长度，提高钢筋利用率，减少损耗。钢筋下脚料也要再利用，加工成马凳或顶棍。为了节约施工用电，对现场平面布局进行优化，让电缆需用最短，用电损耗最小；为节约用水，基础施工期间充分利用降水井存水，用于现场保洁、洗车及混凝土的养护。此外，压缩非生产开支，用废钢管做床架子，用废多层板做床板，一共做了 1 500 张床，不但解决了外施队床铺紧张的困难，而且节省了上万元资金。孙书森深有感触地说："要建设好一个工程项目，要创效益，不是靠某个人，而是要靠全体职工。"

孙经理履行承诺，热情服务。甲方认为把工程交给孙书森项目部绝对放心，在当代万国城南区工程建设中，其中有甲方的嫡系部队，经过同台竞赛，纷纷败在孙书森项目部脚下。在 2007 年 11 月 26 日当代万国城封顶仪式上，当代集团董事局主席对建工集团领导承诺，后期任务还将交给孙书森项目部。

功夫不负有心人。十多年来，在经理孙书森带领下，项目部在节约增效方面成绩斐然，共上缴利润五千多万元，所承建的 13 个工程全部盈利，为企业发展做出了突出贡献。项目部成为集团的抓廉创效的一面旗帜，曾多次被评为集团五星级项目经理部，并荣获 2001 年北京市先进集体、2005 年全国优秀项目经理部，2006 年在当代万国城项目建设中还获得了由瑞士斯坦纳国际工程项目管理协会颁发的亚历山大质量大奖。项目经理孙书森先后荣获首都"五一"劳动奖章、全国重点工程优秀项目经理、集团优秀共产党员等荣誉称号。

非洲建筑工地上的故事
——木工"佛勒得"

大凉

他真正的名字我是记不住了,只是"佛勒得"这个绰号我忘不了,这是我给他起的。"佛勒得"在当地的语言当中是非常强壮的意思。为什么我叫他"佛勒得"?第一,刚到非洲,语言尚不十分通畅,记不住他的名字。第二,他干活比起其他工人要勤快得多,工作时间从来就没看见他偷过懒,总是忙他的那些木工活儿。我就常当着很多人的面叫他"佛勒得",意思也有点鼓励别人都向他学习。第三,他的木工活儿很好,他是我在非洲见到最好的木匠,于是我老当着工人们的面夸他"佛勒得",称赞他很棒。

一天,"佛勒得"来找我,说他的一个儿子初中毕业后,家里就没有能力再供他读书了,想让他来我这工地工作,我没多想就答应了,并安排他作"佛勒得"的小工,因为"佛勒得"工作太出色了,我没有理由不接受他的儿子来这里工作。日子过了没多久,我到工地巡查,发现"佛勒得"父子那儿又多了一个小伙子,我就笑着对"佛勒得"说:"怎么又多了一个?是不是还想再来一个儿子工作?"他慌忙停下手中的活对我说:"这个是另外一个老婆的孩子,也没钱读书了,现在叫他来这帮我干活,活太多了干

不过来,不要工钱,就是帮帮我。"听他这么说,我心里边很感动,真是,来非洲工作这两年还是第一次碰见这样的人,看样子不光是在我们中国,在那儿都有这样叫人敬佩的雷锋呀。我对他说,还是别太感动我了,就叫他每天先到我房间收拾一下,然后下午来工地干活,工钱按小工给好吗?"佛勒得"兴奋地睁大了眼睛看着我傻笑,他冲我伸出了一对大拇指,真够"佛勒得"。

由于我们盖的房子是已经预签了出租合同的,工期是一天都不能晚,工作强度很大。我每天累得自己内务一点都不想干,多亏了新来的这个小伙子,把我的屋里边收拾得干干净净,连我中午准备炒的菜都洗好,我是到哪儿都吃中国饭,所以自己做饭最好。

这一天早晨,我赶着去银行取些钱,工地上需要买什么东西都是我去,因为以前我经常让一个叫米笛的工人帮买柴油给发电机用,后来有一天,另外一个工人对我说,"海非"(就是老板的意思)您没发觉米笛最近胖了点吗?我说为什么?在场所有的工人都笑了,虽然他们肯定不会说,我

也能猜出来是米笛有问题,他准和别人闹矛盾才这样有人提醒我,后来我亲自买了一次20公升柴油,好家伙,我才发现这小子每次蒙了我两公升的柴油钱,正好够他吃一次早餐,还能喝一听啤酒,一个多月下来能不胖点吗(好多建筑工人的生活条件都很苦,早餐都是凑合)?我回到住房里边已经是快中午了,这个小儿子我叫他"比给纽"(非常小的意思),因为他长得很瘦小,也许是营养不良?我对他说你都收拾好也别先走,我把菜炒好了你带走一点给你爸爸吃,他答应着就在屋里边等我。由于刚从外面回来,我又在厨房里边炒菜,觉得很热就把裤子脱了扔到床上,正做饭间忽然想起裤袋里边有刚取出来的四十万西法(相当人民币6 000多元)就嚷着对"比给纽"说:"你在屋里边别乱动我裤子,可别偷我的钱(真是此地无银三百两呀)"!他说:"知道了,海非"。一会我就炒完菜了,给"比给纽"时说:"别在路上偷吃,到时你爸让你吃多少你吃多少!"他还是满口答道:"知道了,'海非'!"这孩子半天说不了几句话,真是一点都不"佛勒得"。

也许就是这样无意,我没刻意地想数一下钱,完全是下意识地拿出钱看了一下,就习惯地就数了起来,一万一张的钱还真的少了四张,我简直就不敢相信,这个"比给纽"还真的偷我钱了?我怒气冲冲地来到工地,虽然离我住的地就是一百米距离,可是我还嫌路长,恨不得一下就跨过去,揪起这个"比给纽"揍他一顿。我当着一百多工人的面骂了"比给纽"。说真的,真是又气又恨,几乎把我懂他们骂人的语言都用上了,心里边愤愤地想:我这样对他好,怎么还是偷我的钱?他的爸爸"佛勒得"走出人群对我说:"'海非'你不要骂了,回家我用我的办法问他,要是他偷了你的钱我就还给您,您说可以吗?只要求您不要再骂了。""佛勒得"这样几句话,就像是边上的香蕉树叶一样抽在我嘴巴上,不软不硬的,还挺疼,我意识到自己骂人骂得太难听了,也和偷钱差不多了,失掉了一个人善良品行的人格。我转身离开了,愤怒中有些后悔了,心里边想:不就是四万嘛,也就是在中餐酒楼里边的一顿饭嘛,我干嘛这样侮辱我很喜欢的"佛勒得"的孩子呢!

第二天,工人们准时上班了,非洲工头巴比过来告诉我说,"佛勒得"和"比给纽"都没来,只有他的大儿子来了,他还要见我谈事。这时我看见大儿子看我的眼神里边有着无限的歉意,此时我早已不生他弟弟的气了,而是心里边充满了歉意。更让我担心的是"佛勒得"不来我的工程怎么办?真的离不开他呀!大儿子对我说:"爸爸让我来是跟你说声对不起,钱是弟弟偷的,让你从月底准备发给我们的工资里边扣除四万,剩下的能不能给我们?"我问大儿子:"我对你们家好吗?"他说:"我爸爸说了,你对我们家非常好,让我们努力工作来报答您。""那怎么你的弟弟还偷我的钱呢?他不听你和你爸爸的话吗?"大儿子迟疑了一下,他低下头喃喃地说:"弟弟是听爸爸的话才偷你钱的。"说真的,当时我真的不敢信自己的耳朵?是不是我没听懂?我的心都给气碎了。我咬着牙不发火,慢慢对大儿子说:"能告诉我为什么爸爸让弟弟偷钱?""弟弟的妈妈病了,看病要用四万元,再不看医生就要病死了,家里边一点钱都没有了,借也借不来,爸爸前天对弟弟说,你看好机会偷'海非'四万西法,要是再没钱你妈妈就活不了。"听到这,我的眼泪流出来了,大儿子有点不解。我对大儿子说:"你先工作去吧,下班我和你一起去你们家。"我的心再一次碎了,这一切让我心里边承受着人性的折磨。我早就对工人们说过,我最痛恨那些偷东西的人,我不止一次对偷东西的工人惩罚,唯一的惩罚就是开除,坚决不留。可是,现在我还能说什么?四万西法和一条人命,我还能说"比给纽"是偷吗?

"佛勒得"的大儿子领着我来到他家,我把一些钱放到"佛勒得"的手里,我对"佛勒得"说:"你剩下的工资我先不给,给了你就不来上班了,这些钱是你工作的奖金,先给你老婆看病去,三个老婆一个都不能少!"他笑得是那样开心,说多明戈(星期日)请我喝酒!

写到这我很怀念"佛勒得",人哪,谁也保不准犯错误,也许他直接找我借钱就行了,干嘛让"比给纽"偷呢!我现在只想说,错误发生了,看你怎么面对。到现在,"佛勒得"一直是我非常好的朋友。

《中国建筑业新的经济增长点和增长力》

一部基于国家自然科学基金和国家社科基金资助项目研究成果撰写的、关于中国建筑业新的增长点和增长力的著作,近日在国家科学技术著作出版基金资助下,由中国建筑工业出版社正式出版。

在研究建筑业支柱产业地位和成长发展轨迹的过程中,作者发现建筑业增加值占国内生产总值(GDP)的比重(以下简称产值比重),随着经济发展阶段的变化而呈现三次曲线关系。在工业化初期和成长期,该比重由低到高呈现快速增长趋势,正常情况下可达到7.28%;进入工业化成熟期以后,产值比重会逐步降低,但仍可达到5.21%;然而,进入后工业化成熟期,由于建筑产品寿命周期因素的影响和建筑业结构性的调整与改革,该比重会再次攀升。

但是,根据中国统计年鉴公布的数据,处于工业化快速成长期的中国建筑业的产值比重,从1996年以来一直维持在6.6%上下,属偏低的水平;特别是其增加值增长率竟呈现下降趋势,远低于同期国际上的峰值。

针对上述问题,作者在进一步关注建筑业与经济发展关系的同时,从建筑业产业和建筑业企业两个层面上分析了中国建筑业的经济活动方式和生产力水平,并且同美、日、韩等国建筑业的有关情况作了对比,发现中国建筑业产值比重和增加值增长率低于国际同行业正常水平的主要原因,是由于……

本书作为国家社会科学基金资助项目的最终成果,并得到国家科学技术著作出版基金资助,旨在向建筑业及其企业提供新的发展思路和策略并向读者贡献新知识。为此,在项目研究和本书的写作过程中,作者十分重视理论分析与实证分析相结合,力求数据真实、方法可靠、研究过程思路清晰、定量分析有可重复性。作为一部理论创新和应用研究的著作,我们期望并深信,本书的出版将能使建设行政管理人员、建筑企业的高层和中层管理人员、相关研究机构和高等院校的教学、科研人员及研究生等从中受益,同时也欢迎读者进一步研究或者讨论本书中的问题。

著作者:金维兴等;本书定价:46元。

新书介绍

建筑工程资料标准化管理丛书钢结构与预应力工程资料管理及组卷范本（送电子文档）

著译者：吴松勒

【内容简介】 本书为读者提供京沪大厦钢结构工程和京西大厦预应力工程资料管理及组卷范本。讲解了工程资料标准化管理方法和全新专项目录体系，使你在短期内学会工程资料组卷的方法，在阅读完本书后基本能够独立完成工程资料的整理工作。本书包括：工程资料管理概述、钢结构与预应力工程施工资料分类及编号管理、施工资料标准化管理与流程、施工过程质量控制报审报验监理资料管理、竣工图管理、施工资料编制与组卷要求、钢结构施工资料组卷实例、预应力施工资料组卷实例、施工资料验收与移交、电子档案管理，书后光盘中将书中不便展现的部分资料以电子版的方式提供给大家，并附其他相关资料。

【读者对象】 本书适用于从事工程施工资料管理与编制人员，工程技术员、施工员等管理人员。

【目　　录】 1　工程资料管理概述；2　钢结构与预应力工程施工资料分类及编号管理；3　施工资料标准化管理与流程；4　施工过程质量控制报审报验监理资料管理；5　竣工图内容与要求；6　钢结构、预应力工程施工资料编制与组卷要求；7　建筑与结构——钢结构施工资料组卷实例；8　建筑与结构——预应力施工资料组卷实例；9　工程资料验收与移交；电子工程档案管理。附录1　钢结构工程专项分目录适用表格索引；附录2　钢结构工程资料(表格)；附录3　预应力工程专项分目录适用表格索引；附录4　预应力工程资料(表格)实例索引；附录5　预应力工程资料检查要点索引。参考文献。

工程项目管理创新——"5+3"工程项目管理模式研究与运用

著译者：姚先成

【内容简介】 "5+3"工程项目管理模式源于丰富的大型国际工程项目管理实践和经验，是在传统的三要素控制理论基础上，融入了社会科学、行为理论、复杂性理论，引出吸纳了安全、环保两要素，结合现代科学管理理论，采用系统的观点透析项目成功和失败的本质以及深层次因素而发展起来的国际工程管理理论。"5+3"工程项目管理模式就是将工程项目管理系统的职能、目标分为"5"个要素，即：进度、质量、成本、安全、环保，通过流程保证体系、过程保证体系、责任保证体系等"3"个体系分别在微观、细观、宏观层面确保"5"要素的平衡统一，从而在项目操作层、管理层、决策层实现社会责任、合同责任、经营责任的协调统一。本书即郑重将5个要素相互关系及"+3"的协调管理，并以工程项目运行作实证分析，以期给广大读者系统了解该模式。

【读者对象】 本书适用于从事建设工程管理工作相关管理人员，大专院校相关专业师生，更是企业管理者改进项目管理模式的参考书。

【目　　录】 第一章　工程项目管理的发展历程；第二章　"5+3"工程项目管理模式；第三章　5要素管理基本理论概念；第四章　3个保证体系；第五章　"5+3"工程项目管理体系；第六章　项目管理案例——香港迪斯尼乐园工程项目管理。参考文献。

信息博览

※ 综合信息 ※

首个震后重建条例发布 问题工程责任人将究责

国务院总理温家宝6月8日签署第526号国务院令,公布《汶川地震灾后恢复重建条例》,自公布之日起施行。这是我国首个专门针对一个地方地震灾后恢复重建的条例,将灾后恢复重建工作纳入法制化轨道。

国务院法制办有关负责人说,条例确立了灾后恢复重建工作的指导方针和基本原则,规定了一系列制度和措施,是各地区各部门开展灾后恢复重建工作的行动指南和重要法律依据。

条例共九章八十条,分为总则、过渡性安置、调查评估、恢复重建规划、恢复重建的实施、资金筹集与政策扶持、监督管理、法律责任、附则等。条例规定,地震灾后恢复重建应当坚持以人为本、科学规划、统筹兼顾、分步实施、自力更生、国家支持、社会帮扶的方针和相关原则。条例对过渡性安置的方式方法、安置地点选址、配套设施建设以及资金和物资的分配使用等作出明确规定,临时住所、过渡性安置资金和物资的分配和使用,应当公开透明,定期公布。

有关部门将加强对灾后恢复重建工作的监督管理,条例还明确了"违规者"的法律责任。县级以上人民政府将加强对下级人民政府地震灾后恢复重建工作的监督检查。政府应当定期公布地震灾后恢复重建资金和物资的来源、数量、发放和使用情况,接受社会监督。审计机关加强对地震灾后恢复重建资金和物资的筹集、分配、拨付、使用和效果的全过程跟踪审计,定期公布地震灾后恢复重建资金和物资使用情况,并在审计结束后公布最终的审计结果。

中国经济形势分析与预测2008年春季座谈会在京举行

2008年主要国民经济指标预测

2008年我国的GDP增长率将达到10.7%左右,增长速度与上年相比出现回落,但将继续保持10%以上的快速增长势头。第一产业增加值增长率为3.2%左右,比前几年的增长速度有所降低,保持农业继续较快增长和农民收入持续增长的难度越来越大。如何保持农业生产有较快增长,巩固农业的基础地位,需要引起我们高度重视。第二产业增加值增长率为12.2%左右,比上年增速有所减慢,同时重工业增长快于轻工业增长的局面不会改变。第三产业增加值增长率为10.9%左右,增速与上年相比也有所减慢。值得注意的是,第三产业的增长速度仍然慢于第二产业,这种状况不利于调整一、二、三产业的结构比例关系。

全社会固定资产投资规模2008年将达到170260亿元左右,实际增长率和名义增长率分别为19.1%和24%左右。根据继续加强和改善宏观调控、防止经济增长由偏快转向过热的要求,2008年全社会固定资产投资的增长速度将继续比上年有所降低,同时又仍然保持一定的较快增长速度,以利于防止国内外各种不确定因素可能带来的不利影响,保持经济平稳较快发展,避免出现大的起落,实现国民经济"又好又快"增长的目标。值得我们关注的是,全社会固定资产投资的增速仍然明显高于GDP增速和消费增速,使得投资占GDP的份额上升,按现价计算,2008年全社会固定资产投资占GDP的份额将达到59.2%左右。全社会固定资产投资占GDP的份额这种多年持续明显上升的势头必须引起我们高度重视。

由于国内外多种因素的影响,预计2008年各种价格指数上升幅度仍将处于较高水平。社会商品零售价格指数和居民消费价格指数的年变动率将分别达到4.4%和5.5%左右。

目前,国际经济环境不确定因素对我国宏观经济运行的影响主要需要关注两个方面。

第一,输入型通货膨胀压力。国际市场石油价格暴涨,并仍将在高位攀升,在美元贬值背景下油价接连破历史纪录;同时受油价居高不下而兴起的用谷物生产生物燃料热潮,以及新兴国家粮食需求上升的影响,近年来国际市场粮食价格明显大幅度上扬,会直接影响国内价格上涨。此外,目前世界各国普遍处于物价上涨时期,无论发达国家还是新兴发展国家物价水平均在不同程度上涨。我国不可能处于世界价格洼地,输入型的成本推动因素成为我国价格上涨的原因之一。

第二,美国次级抵押贷款危机影响的不确定性。美国次级抵押贷款危机还在发展之中,危机的影响程度以及扩散范围仍然具有不确定性。但是美国经济减速,并对世界经济产生负面影响是确定的。美国次级抵押贷款危机对我国的可能影响表现在三方面。一是金融资金流动的直接影响,这方面的影响到目前为止尚不严重。二是对我国外贸及实体经济的影响。近年来我国出口增长与美国经济增长之间存在着较强的正相关关系。粗略测算,美国CDP增长率下降一个百分点,会使我国出口增长率下降五个百分点左右。因此,如果美国经济减速明显,将对我国出口乃至经济增长的稳定产生较为明显的影响。三是对我国宏观调控政策空间的影响。美国的政策目的是"防危机衰退、防通货膨胀",我国的政策目的是"防经济过热、防通货膨胀"。这一不同,使得我们的宏观调控政策选择变得更加复杂,难度大为增加。

第四届国际智能、绿色建筑与建筑节能大会暨新技术与产品博览会

由中华人民共和国住房和城乡建设部、科学技术部、国家发展和改革委员会、环境保护部、财政部等共同主办的"第四届国际智能、绿色建筑与建筑节能大会暨新技术与产品博览会"于2008年3月31日至4月2日在北京国际会议中心召开。住房和城乡建设部部长姜伟新在"第四届国际智能、绿色建筑与建筑节能大会暨新技术与产品博览会"上致辞,并强调采取四项措施做好建筑节能工作。

随着世界人口增长和经济发展,建筑及其运行的资源消耗和环境效应,对全球资源环境的影响日益显著。减少建筑能耗和污染排放,节约资源,保护环境,实现建筑与自然和谐共存,是全球面临的共同课题。中国政府高度重视资源节约和环境保护,把推进建筑节能减排,作为转变经济增长方式、建设资源节约型、环境友好型社会的一项重要举措。在中央政府的正确领导下,各部门密切配合,各地区和各有关单位认真落实,大力推进建筑节能减排工作,取得了积极成效,为全球资源节约和环境保护做出了贡献。

作为一个发展中的人口大国,中国面临着发展经济、改善民生的繁重任务,也面临着资源环境制约的严峻挑战。建筑节能减排是一项长期而艰巨的历史任务,也是一项重要而紧迫的现实工作。中国国民经济和社会发展第十一个五年规划,确定了节能减排的目标和任务,推进建筑节能减排是完成这个目标和任务的重要内容之一。我们将着力抓好四个方面的工作:

第一,完善建筑节能减排的法律和政策。我们将认真贯彻落实《节约能源法》、《可再生能源法》、《环境保护法》等法律,并抓紧制定《民用建筑节能条例》等配套法规,把建筑节能减排的制度保障工作作为首要任务认真抓好。同时,要与各有关部门配合,加强建筑节能减排重大政策的研究制定,建立反映资源稀缺程度和市场供求关系的资源价格形成机制,健全激励建筑节能减排的财税政策,抑制浪费和不合理消费。

第二,完善建筑节能减排的技术标准。加快工程建设节能减排技术标准的制定和修订,不断扩大标准的覆盖范围。直接涉及能源资源节约、生态环境保护、建筑技术进步的内容,将作为强制性条文。充分发挥节能减排标准的技术保障和引导约束作用。

第三,大力推进技术创新。与有关部门一起,组织推动重大技术研究攻关,不断增强自主创新能力。组织实施水体污染与治理、北方地区供热改造等节能减排重点示范项目和重大专项。在加强成熟、适用新技术的成果转化和推广应用的同时,要充分挖掘本土化的建筑节能环保传统技术和工艺。

第四,加强执法监督。要严格执行建筑节能减排的法律制度和技术规范,建立建筑节能监管服务体系,实施建筑能耗统计、能源审计和公示等制度,落实建筑节能减排目标责任制,严肃查处违法行为。

建筑节能减排涉及每一个家庭、每一个公民、每一个从事建筑活动的企业。我们要广泛宣传建筑节能减排的重要性、紧迫性,宣传政府的政策措施,提高全社会的建筑节能环保意识。要充分调动政府组织、非政府组织、私营部门的积极性和创造性,推动全社会广泛参与,共同促进建筑节能减排各项措施的落实。

地方资讯

北京市:关于加强建筑施工企业劳动合同管理工作的通知(京劳社资发〔2008〕53号)

北京市劳动和社会保障局向各区、县劳动和社会保障局,各区、县建设委员会,各建筑施工企业发出通知,进一步规范建筑施工企业劳动关系。根据《中华人民共和国劳动合同法》,现就进一步规范建筑施工企业

劳动合同管理工作有关问题通知如下：

一、建筑施工企业与农民工建立劳动关系，应当按照《中华人民共和国劳动合同法》的有关规定与农民工签订书面劳动合同。劳动合同中约定的工资不得低于北京市最低工资标准。

建筑施工企业应当建立农民工名册，详细记录农民工出勤情况和完成工作情况。

二、建筑施工企业必须在农民工进入施工现场前为农民工办理实名制人员备案，并向农民工交付实名制IC卡，组织农民工持卡进场从事施工作业。

建筑施工企业应当每月将农民工出勤情况及工资表进行公示，经农民工确认无误后，按照劳动合同约定的日期将工资按月足额打入农民工的实名制IC卡中。不得将工资发放给"包工头"或其他不具备用工主体资格的组织和个人。

三、劳动保障行政部门和建设行政主管部门按照各自的职责对建筑施工企业与农民工签订劳动合同的情况进行检查，各区(县)、乡(镇)、街道劳动保障部门和各区(县)建设行政主管部门要加强对本辖区内建筑施工工地的日常巡视工作，督促建筑施工企业依法与农民工签订劳动合同。对于不按规定与农民工签订劳动合同的建筑施工企业，由劳动保障部门依法处理。

"劳动合同书（示范文本）"(适用于在京建筑施工企业农民工)包括劳动合同双方当事人基本情况、劳动合同期限、工作内容和工作地点、工作时间和休息休假、劳动保护和劳动条件、劳动报酬、保险福利待遇、劳动合同的解除、终止、当事人约定的其他内容、劳动争议处理及其他等十部分内容。

上海市：关于建设工程要素价格波动风险条款约定、工程合同价款调整等事宜的指导意见

（沪建市管[2008]12号）

一段时间以来，全国范围内的物价呈上升趋势，上海市建设工程所用的钢材、水泥及建筑劳务用工价格持续上涨，一定程度上给建设工程项目成本、工程合同价款调整或工程造价结算带来一定影响，现结合具体情况，上海市建筑建材业市场管理总站提出如下指导意见：

一、编制工程设计概算应当考虑工程建设期内价格波动等因素。

二、依法招标的项目，招标人应当在招标文件及施工合同中明确约定承担风险的范围和幅度以及超出约定范围和幅度的调整办法。

三、施工期内，当人工、材料、机械台班等要素价格所发生变化大于合同定价的"约定幅度"时，发承包双方可参照下列方法进行调整。

（一）当本市工程造价管理机构发布的人工、材料、机械台班等要素价格发生变化幅度大于合同定价的"约定幅度"时,应调整其超过幅度部分(指与工程造价管理机构价格变化幅度的差额)要素价格。

（二）人工、材料、机械台班的价格调整可选用下列方法。

1、施工期内额定发生的人工、材料、机械台班分别加权平均法。

2、施工期内额定发生的人工、材料、机械台班分别算术平均法。

3、双方约定的其他计算法。

（三）各类工程的主要材料参考内容。

1、房屋建筑工程：钢材、水泥、商品混凝土、木材、砂石、商品砂浆等。

2、市政基础设施工程：钢材、水泥、商品混凝土、木材、砂石、粉煤灰三渣、桥梁支座、伸缩缝、沥青制品、排水管道、混凝土预制件等。

3、民防工程：钢材、水泥、商品混凝土、木材、砂石、商品砂浆等。

4、园林绿化工程：钢材、水泥、商品混凝土、木材、砂石、商品砂浆、各类苗木、石材、古建筑材料等。

（四）双方约定的其他方法。

四、已签订工程施工合同但尚未结算的工程项目，如在合同中没有约定或约定不明的，发承包双方可结合工程实际情况，协商订立补充合同协议，建议可采用投标价或以合同约定的价格月份对应造价管理部门发布的价格为基准，与施工期造价管理部门每月发布的价格相比（加权平均法或算术平均法），人工价格的变化幅度原则上大于±3%（含3%，下同）、钢材价格的变化幅度原则上大于±5%、除人工、钢材外上述条款所涉及其他材料价格的变化幅度原则上大于±8%的应调整其超过幅度部分要素价格。